建筑信息化服务技术人员职业技术辅导教材

装配式建筑 BIM 操作实务

北京绿色建筑产业联盟
北京百高建筑科学研究院　组织编写

刘占省　主编

中国建筑工业出版社

图书在版编目(CIP)数据

装配式建筑 BIM 操作实务/刘占省主编. —北京：中国建筑工
业出版社，2019.1
建筑信息化服务技术人员职业技术辅导教材
ISBN 978-7-112-23034-1

Ⅰ.①装… Ⅱ.①刘… Ⅲ.①建筑工程-装配式构件-工程管理-
应用软件-岗位培训-教材 Ⅳ.①TU71-39

中国版本图书馆 CIP 数据核字(2018)第 277496 号

第 1 章对装配式 BIM 工程师职业和 Revit 软件进行介绍。第 2 章介绍了 Revit 软件的界面基本操作。第 3 章介绍了工程识图的基础知识，包括工程图纸及其分类、识图原理、建筑工程图纸等部分内容。第 4 章从族的概念、族编辑器的介绍及族的创建和修改的操作几个方面，对族进行统一的讲解。第 5 章主要以项目为案例，在 Revit 中从零开始创建土建模型。第 6 章主要以项目为案例，在 Revit 中开始创建机电模型。第 7 章介绍如何绘制风管，以及在绘制风管前如何绘制风管使用的机械样板。第 8 章介绍如何绘制电气模型。第 9 章通过对建筑物管线用途的本质思考，提出如何优化管线敷设。第 10 章介绍了装配式建筑编码构件标准，从图纸处理、命名规则及各个参数应用等方面，为读者提供了有效标准参照。

* * *

责任编辑：毕凤鸣 封 毅
责任校对：焦 乐

建筑信息化服务技术人员职业技术辅导教材
装配式建筑 BIM 操作实务
北京绿色建筑产业联盟
北京百高建筑科学研究院 组织编写
刘占省 主编
*
中国建筑工业出版社出版、发行(北京海淀三里河路 9 号)
各地新华书店、建筑书店经销
北京红光制版公司制版
天津翔远印刷有限公司印刷
*
开本：787×1092 毫米 1/16 印张：15¼ 字数：381 千字
2019 年 2 月第一版 2019 年 2 月第一次印刷
定价：**49.00** 元
ISBN 978-7-112-23034-1
(33121)

《装配式建筑 BIM 操作实务》编审人员名单

主　编：刘占省　北京工业大学

副主编：

曾　涛　中国建筑集团有限公司

马张永　甘肃建投钢结构有限公司

董　皓　天津广昊工程技术有限公司

张　可　北京慧筑建筑科学研究院

陆泽荣　北京绿色建筑产业联盟

主　审：曹少卫　中铁建工集团有限公司

编写人员：

刘红波　天津大学

王其明　中国航天建设集团有限公司

王宇波、张安山、邢泽众、刘习美　北京工业大学

李　浩　中建一局集团建设发展有限公司

刘若南　中建科技有限公司

郭彩霞　中冶建筑研究总院

智　鹏　中国铁道科学研究院集团有限公司

郑成龙　北京慧筑建筑科学研究院

张建江、葛立军　中电建建筑集团有限公司

王　唯　北京筑盈科技有限公司

张治国、张薇薇、管　斌　北京立群建筑科学研究院

王泽强、卫启星　北京市建筑工程研究院有限责任公司

李　昊、路永彬、朱镜全　天津广昊工程技术有限公司

关书安　北京麦格天宝科技股份有限公司

赵士国　北京绿色建筑产业联盟

丛 书 总 序

中共中央办公厅、国务院办公厅印发《关于促进建筑业持续健康发展的意见》（国发办〔2017〕19号），住房城乡建设部印发《2016—2020年建筑业信息化发展纲要》（建质函〔2016〕183号），《关于推进建筑信息模型应用的指导意见》（建质函〔2015〕159号），国务院印发《国家中长期人才发展规划纲要（2010—2020年）》《国家中长期教育改革和发展规划纲要（2010—2020年）》，教育部等六部委联合印发的《关于进一步加强职业教育工作的若干意见》等文件，以及全国各地方政府相继出台的多项政策措施，为我国建筑信息化BIM技术广泛应用和人才培养创造了良好的发展环境。

当前，我国的建筑业面临着转型升级，BIM技术将会在这场变革中起到关键作用；也必定成为建筑领域实现技术创新、转型升级的突破口。围绕住房和城乡建设部印发的《推进建筑信息模型应用指导意见》，在建设工程项目规划设计、施工项目管理、绿色建筑等方面，更是把推动建筑信息化建设作为行业发展总目标之一。国内各省市行业行政主管部门已相继出台关于推进BIM技术推广应用的指导意见，标志着我国工程项目建设、绿色节能环保、装配式建筑、3D打印、建筑工业化生产等要全面进入信息化时代。

如何高效利用网络化、信息化为建筑业服务，是我们面临的重要问题；尽管BIM技术进入我国已经有很长时间，但其所创造的经济效益和社会效益只是星星之火。不少具有前瞻性与战略眼光的企业领导者，开始思考如何应用BIM技术来提升项目管理水平与企业核心竞争力，却面临诸如专业技术人才、数据共享、协同管理、战略分析决策等难以解决的问题。

在"政府有要求，市场有需求"的背景下，如何顺应BIM技术在我国运用的发展趋势，是建筑人应该积极参与和认真思考的问题。推进建筑信息模型（BIM）等信息技术在工程设计、施工和运行维护全过程的应用，提高综合效益，是当前建筑人的首要工作任务之一，也是促进绿色建筑发展、提高建筑产业信息化水平、推进智慧城市建设和实现建筑业转型升级的基础性技术。普及和掌握BIM技术（建筑信息化技术）在建筑工程技术领域应用的专业技术与技能，实现建筑技术利用信息技术转型升级，同样是现代建筑人职业生涯可持续发展的重要节点。

为此，北京绿色建筑产业联盟特邀请国际国内BIM技术研究、教学、开发、应用等方面的专家，组成BIM技术应用型人才培养丛书编写委员会；针对BIM技术应用领域，组织编写了这套BIM工程师专业技能培训与考试指导用书，为我国建筑业培养和输送优秀的建筑信息化BIM技术实用性人才，为各高等院校、企事业单位、职业教育、行业从业人员等机构和个人，提供BIM专业技能培训与考试的技术支持。这套丛书阐述了BIM技术在建筑全生命周期中相关工作的操作标准、流程、技巧、方法；介绍了相关BIM建模软件工具的使用功能和工程项目各阶段、各环节、各系统建模的关键技术。说明了BIM技术在项目管理各阶段协同应用关键要素、数据分析、战略决策依据和解决方案。提出了推动BIM在设计、施工等阶段应用的关键技术的发展和整体应用策略。

我们将努力使本套丛书成为现代建筑人在日常工作中较为系统、深入、贴近实践的工具型丛书，促进建筑业的施工技术和管理人员、BIM 技术中心的实操建模人员、战略规划和项目管理人员，以及参加 BIM 工程师专业技能考评认证的备考人员等理论知识升级和专业技能提升。本丛书还可以作为高等院校的建筑工程、土木工程、工程管理、建筑信息化等专业教学课程用书。

本套丛书包括四本基础分册，分别为《BIM 技术概论》《BIM 应用与项目管理》《BIM 建模应用技术》《BIM 应用案例分析》，为学员培训和考试指导用书。另外，应广大设计院、施工企业的要求，我们还出版了《BIM 设计施工综合技能与实务》《BIM 快速标准化建模》等应用型图书，并且出版了方便学员掌握知识点的《BIM 技术知识点练习题及详解（基础知识篇）》《BIM 技术知识点练习题及详解（操作实务篇）》。2018 年我们还将陆续推出面向 BIM 造价工程师、BIM 装饰工程师、BIM 电力工程师、BIM 机电工程师、BIM 铁路工程师、BIM 轨道交通工程师、BIM 工程设计工程师、BIM 路桥工程师、BIM 成本管控、装配式 BIM 技术人员等专业方向的培训与考试指导用书，覆盖专业基础和操作实务全知识领域，进一步完善 BIM 专业类岗位能力培训与考试指导用书体系。

为了适应 BIM 技术应用新知识快速更新迭代的要求，充分发挥建筑业新技术的经济价值和社会价值，本套丛书原则上每两年修订一次；根据《教学大纲》和《考评体系》的知识结构，在丛书各章节中的关键知识点、难点、考点后面植入了讲解视频和实例视频等增值服务内容，让读者更加直观易懂，以扫二维码的方式进入观看，从而满足广大读者的学习需求。

感谢各位编委们在极其繁忙的日常工作中抽出时间撰写书稿。感谢清华大学、北京建筑大学、北京工业大学、华北电力大学、云南农业大学、四川建筑职业技术学院、黄河科技学院、湖南交通职业技术学院、中国建筑科学研究院、中国建筑设计研究院、中国智慧科学技术研究院、中国建筑西北设计研究院、中国建筑股份有限公司、中国铁建电气化局集团、北京城建集团、北京建工集团、上海建工集团、北京中外联合建筑装饰工程有限公司、北京市第三建筑工程有限公司、北京百高教育集团、北京中智时代信息技术公司、天津市建筑设计院、上海 BIM 工程中心、鸿业科技公司、广联达软件、橄榄山软件、麦格天宝集团、成都孺子牛工程项目管理有限公司、山东中永信工程咨询有限公司、海航地产集团有限公司、T-Solutions、上海开艺设计集团、江苏国泰新点软件、浙江亚厦装饰股份有限公司、文凯职业教育学校等单位，对本套丛书编写的大力支持和帮助，感谢中国建筑工业出版社为丛书的出版所做出的大量工作。

北京绿色建筑产业联盟执行主席　陆泽荣
2019 年 1 月

前　言

　　BIM 技术引入国内建筑工程领域后，被视为建筑行业"甩图板"之后的又一次革命，引起了社会各界的高度关注，在短短的时间内被应用于大量的工程项目中进行技术实践，应用阶段涵盖了设计、施工和运维。

　　编写本书是为了给装配式 BIM 工程师提供一个建模工作流的样例，循着本书实际项目案例的引导，让读者掌握装配式 BIM 土建和机电建模的方法、流程。了解最佳的建模工作方法、建模工作注意事项以及使用高效率的建模工具软件。本书重点放在装配式BIM 建模工作的流程和工作方法上，逐步带领读者创建装配式构件族、装配式建筑土建模型和装配式建筑机电模型，阐明了在管线综合工作中模型调整的方法和要领，分享了如何组织团队的协作、如何避免建模软件存在的不足带来的建模工作困难。最后介绍了装配式建筑编码构件标准，从图纸处理、命名规则及各个参数应用等方面，为读者提供了有效的标准参照。由于篇幅的限制，本书没有全面展开讲解 Revit 所有功能用法，读者可使用Revit 软件的在线帮助获取本书没有用到的功能。

　　本书在编写的过程中参考了大量专业文献，汲取了行业专家的经验，参考和借鉴了有关专业书籍内容，以及 BIM 中国网、筑龙 BIM 网、中国 BIM 门户等论坛上相关网友的BIM 应用心得体会。在此，向这部分文献的作者表示衷心的感谢！

　　由于编者水平有限，本书难免有不当之处，衷心期望各位读者给予指正。

《装配式建筑 BIM 操作实务》编写组

2018 年 9 月

目　　录

第 1 章　装配式 BIM 工程师职业概述

本章导读：

　　本章节主要介绍了装配式 BIM 工程师职业定义、装配式 BIM 工程师岗位分类、装配式 BIM 工程师各岗位能力素质要求、不同应用阶段装配式 BIM 工程师职业素质要求。首先重点从应用领域及应用程度两方面对装配式 BIM 工程师岗位进行定义及分类，并进一步对相应岗位的职责及能力素质作出具体要求，以便读者对装配式 BIM 工程师有较全面的了解。而后根据装配式 BIM 应用各阶段，对装配式 BIM 工程师的职业素质要求具体介绍。Revit 是 Autodesk 公司一套系列软件的名称。Revit 系列软件是为建筑信息模型（BIM）构建的，可帮助建筑设计师设计、建造和维护质量更好、能效更高的建筑。Revit 是我国建筑业 BIM 体系中使用最广泛的软件之一。本章主要从操作系统、CPU、内存、显卡、硬盘几个方面对 Revit 软件安装环境及配置作了介绍。其后又介绍了有关 Revit 建模的常用术语。

1.1 装配式 BIM 工程师职业定义

1.1.1 装配式 BIM 工程师职业定义

建筑信息模型（Building Information Modeling，简称 BIM），是一种应用于工程设计建造管理的数据化工具。建筑信息模型（BIM）系列专业技能岗位是指工程建模、BIM管理咨询和战略分析方面的相关岗位。由预制部品部件在工地装配而成的建筑，称为装配式建筑。装配式 BIM 工程师是从事和 BIM 装配式技术相关工作的专业人员和 BIM 项目管理的统称。他们的工作是结合 BIM 技术实现：装配式预制构件的标准化设计；优化整合预制构件生产流程；提高施工现场管理效率；进行 5D 模拟优化施工和成本计划；提高运维阶段运维管理水平等。

1.1.2 装配式 BIM 工程师岗位分类

1. 根据应用领域分类

根据应用领域不同可将装配式 BIM 工程师主要分为装配式 BIM 标准管理类、装配式BIM 工具研发类、装配式 BIM 工程应用类及装配式 BIM 教育类四类。

（1）装配式 BIM 标准管理类：即主要负责 BIM 标准和装配式标准研究管理的相关工作人员，可分为基础理论研究人员及标准研究人员等。

（2）装配式 BIM 工具研发类：即主要负责 BIM 工具的设计开发工作人员，可分为BIM 产品设计人员及装配式软件开发人员等。

（3）装配式 BIM 工程应用类：即应用 BIM 支持和完成装配式工程项目生命周期过程中各种专业任务的专业人员，包括业主和开发商里面的设计、施工、成本、采购、营销管理人员；设计机构里面的建筑、结构、给水排水、暖通空调、电气、消防、技术经济等设计人员；施工企业里面的项目管理、施工计划、施工技术、工程造价人员；物业运维机构里面的运营、维护人员，以及各类相关组织里面的专业装配式 BIM 应用人员等。

（4）装配式 BIM 教育类：即在高校或培训机构从事装配式＋BIM 教育及培训工作的相关人员，主要可分为高校教师及培训机构讲师等。

2. 根据应用程度分类

根据装配式 BIM 应用程度可将装配式 BIM 工程师主要分为装配式 BIM 操作人员、装配式 BIM 技术主管、装配式 BIM 项目经理、装配式 BIM 战略总监等。

（1）装配式 BIM 操作人员：即进行实际装配式 BIM 建模及分析人员，属于装配式BIM 工程师职业发展的初级阶段。

（2）装配式 BIM 技术主管：即在装配式 BIM 项目实施过程中负责技术指导及监督人员，属于装配式 BIM 工程师职业发展的中级阶段。

（3）装配式 BIM 项目经理：即负责装配式 BIM 项目实施管理人员，属于项目级的职位，是装配式 BIM 工程师职业发展的高级阶段。

（4）BIM 战略总监：即负责 BIM 发展及应用战略制定人员，属于企业级的职位，可以是部门或专业级的 BIM 专业应用人才或企业各类技术主管等，是 BIM 工程师职业发展的高级阶段。

3. 根据应用阶段分类

根据应用阶段的不同可将装配式 BIM 工程师主要分为装配式 BIM 设计工程师、装配式 BIM 深化设计工程师、装配式 BIM 构件加工工程师、装配式 BIM 施工阶段工程师。各个工程师的岗位职责后文将会讲到。

1.2　BIM 工程师职业素质要求

1.2.1　装配式 BIM 工程师基本素质要求

装配式 BIM 工程师基本素质是职业发展的基本要求，同时也是装配式 BIM 工程师专业素质的基础。专业素质构成了工程师的主要竞争实力，而基本素质奠定了工程师的发展潜力与空间。装配式 BIM 工程师基本素质主要体现在职业道德、健康素质、团队协作及沟通协调等方面（图 1.2.1-1）。

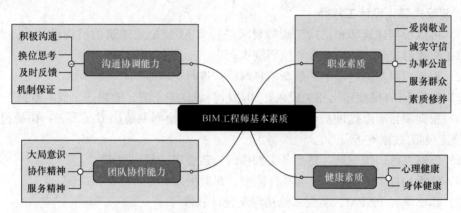

图 1.2.1-1　装配式 BIM 工程师基本素质要求图

1. 职业道德

职业道德是指人们在职业生活中应遵循的基本道德，即一般社会道德在职业生活中的具体体现。它是职业品德、职业纪律、专业胜任能力及职业责任等的总称，属于自律范围，通过公约、守则等对职业生活中的某些方面加以规范。职业道德素质对其职业行为产生重大的影响，是职业素质的基础。

2. 健康素质

健康素质主要体现在心理健康及身体健康两方面。装配式 BIM 工程师在心理健康方面应具有一定的情绪的稳定性与协调性、较好的社会适应性、和谐的人际关系、心理自控能力、心理耐受力以及健全的个性特征等。在身体健康方面装配式 BIM 工程师应满足个人各主要系统、器官功能正常的要求，体质及体力水平良好等。

3. 团队协作能力

团队协作能力，是指建立在团队的基础之上，发挥团队精神、互补互助以达到团队最大工作效率的能力。对于团队的成员来说，不仅要有个人能力，更需要有在不同的位置上各尽所能、与其他成员协调合作的能力。

4. 沟通协调能力

沟通协调能力是指管理者在日常工作中妥善处理好上级、同级、下级等各种关系，使其减少摩擦，能够调动各方面的工作积极性的能力。

上述基本素质对装配式 BIM 工程师职业发展具有重要意义：有利于工程师更好地融入职业环境及团队工作中；有利于工程师更加高效、高标准地完成工作任务；有利于工程师在工作中学习、成长及进一步发展，同时为装配式 BIM 工程师的更高层次的发展奠定基础。

1.2.2 不同应用阶段装配式 BIM 工程师职业素质要求

1. 装配式设计工程师

（1）装配式建筑的设计工作；

（2）组织或负责编制相关工程技术标准；

（3）负责日常的设计工作联系及协调工作；

（4）配合项目现场施工技术问题的解决。

2. 装配式深化设计工程师

（1）可以根据建筑师和结构工程师要求进行 BIM 装配式建筑的结构设计。负责装配式房屋工程项目建筑、结构等专业模型制作；

（2）根据项目实施过程中的最新信息对模型进行更新维护；

（3）根据 BIM 模型输出相关成果，如"材料表、施工图、效果图、成本数据"等；

（4）根据项目需求提供基于 BIM 模型的建筑全生命周期解决方案服务，碰撞检测-施工图-施工模拟-数据支持；

（5）能够熟练识读图纸，熟悉各类构件的构造要求、材料要求；

（6）熟悉构件生产工艺、运输条件限制、吊装要求；

（7）熟练掌握 PKPM、装配式结构深化设计软件等。

3. 装配式构件加工工程师

（1）负责建筑装配式构件图纸的审查、材料统计；

（2）装配式构件的模具设计，指导工人制作模具；

（3）PC 构件生产过程中，负责土建施工质量、进度和成本的控制，解决施工中出现的具体专业技术问题；

（4）协调业主、施工单位和监理单位之间以及与其他各专业之间的关系；

（5）编制 PC 构件相关的交工资料；

（6）了解装配式混凝土结构工程施工前的准备工作；

（7）掌握主要构件的吊装施工工艺及相关知识；

（8）熟悉水电安装及安全管理的相关知识。

4. 装配式施工阶段工程师

（1）监督、指导各施工班组按设计图纸、施工规范、操作规程、工程标准及施工组织设计的要求进行施工，下达并实施对各作业班组的各类技术交底工作；

（2）负责督促落实施工技术方案，对各个工序质量的控制；

（3）参与编写施工组织设计，负责编写分部分项工程施工方案，并组织实施；

（4）参与对设计院、业主、监理公司等的部分技术交涉、管理工作，起草须交请上述单位的技术核定、设计变更、技术签证等资料；

（5）参与设计交底及图纸会审，整理交底及会审纪要；

（6）参与分部分项工程验收及工程竣工验收工作，参与日常工程质量、安全及文明施工的检查、评比工作；

（7）施工生产前准备工作；

（8）施工机械的选用和准备；

（9）预制混凝土构件现场安装技术措施与控制能力；

（10）安全用电管理能力；

（11）现场安全文明施工和环境保护管理能力；

（12）施工安全事故应急救援能力。

1.3 Revit 软件安装环境及配置

1.3.1 操作系统

目前主流的操作系统就是 Windows10，Revit 可以兼容，Windows7 和 Windows8 同样也可以兼容。需要注意的是下载的 Revit 软件版本与系统的版本一定要匹配，即 32 位对照 32 位，64 位对照 64 位，需要确定的是最好是 64 位版本。如果是苹果系统，安装 Revit 就会麻烦很多，当然如果是安装了双系统就应另当别论。

1.3.2 CPU

从目前市场来看，CPU 的主流就是 Intel 和 AMD 两家，重点关注的也都是一样：主频和核心数量。相对其他 BIM 软件来说，Revit 对于这两点要求比较高。主频一般是 2GHz 以上，核心数量标配是 4 核，如果条件允许 8 核也可以，越高越好，通俗地讲就是酷睿系列 i5 以上或者 AMD 速龙、APU 系列都可以。尤其是台式机，对于 CPU 的要求更要高一些。Revit 官方说明明确指出：Autodesk Revit 软件产品的许多任务要使用多核，执行近乎真实照片级渲染操作需要多达 16 核。

1.3.3 内存

目前 Revit 官方强调，Revit 最小需要内存是 4G，但是用过之后会发现，4G 基本上只可以满足学习的需要，如果做实际的项目则需要更大的内存。BIM 软件 ArchiCAD 的要求是：对于复杂的细节模型，可能要求 16GB 甚至更大。对于 Revit 应用项目来说：4G 内存可以满足一个 100M 左右的项目文件；8G 内存可以正常操作 300M 左右的项目文件；16G 内存可以操作 700M 左右的项目文件。

1.3.4 显卡

现在市面上的显卡芯片主要是 NV 和 AMD，不建议使用集成显卡。至于品牌，市面上有泰坦、华硕、七彩虹、微星等。对于功能需求来说，又分为游戏显卡和专业图形显卡，作为一名 BIM 工程师，我们需要选择专业显卡，专业显卡会针对专业的建模或制图等软件进行优化，比如 Revit、3DMax、Autodesk Navisworks 等。

在价格上，专业图形显卡会比游戏显卡高出很多。显卡也有几个核心指标，对于 BIM 软件的需求来说，主要看显卡频率和显存容量。显卡频率和 CPU 的主频类似，显存容量与内存类似，这两个指标都是越高越好。

对于台式机用户，1000 元左右的游戏显卡即可。喜欢 NVIDIA 芯片的用户，可以选择 GTX1050 系列，喜欢 AMD 芯片的用户，可以选择 RX460 系列，显存推荐大家选购 4G 以上的。Revit 的官方提供了一些经过验证的专业图形显卡：AMD FireProW7100（FireGL V）；NVIDIA Quadro P2000；Intel（R）Iris（TM）Pro P580 等。

1.3.5 硬盘

当今市面上的硬盘主要分为两大类，机械硬盘和固态硬盘。机械硬盘拥有容量大、价格便宜、可靠性高的特点。固态硬盘拥有价格昂贵、处理速度快的特点。针对 Revit 软件来说，台式机建议采用固态硬盘（256G）＋机械硬盘（500G 以上）的配置方式。移动笔记本建议采用固态硬盘（256G 以上）配置。

1.4 Revit 建模常用术语

在开展项目过程中用于组建建筑模型的构件（如柱、基础、框架、门、窗、管道以及详图、注释和标题栏等）都是利用"族"工具创建的，因此，熟练掌握"族"的创建和使用是有效运用 Revit 系列软件的关键。

本章节从 Revit 建模中"族"相关的基本术语、族编辑器界面、基本命令等方面介绍族的基本知识，为后续学习打好基础。

1. 项目

Revit Architecture 中，项目是单个设计信息数据库模型。项目文件包含了建筑的所有几何图形及构造数据（包含但不仅限于设计模型的构件、项目视图和设计图纸）。通过单个项目文件，用户可以轻松修改设计，并在各个相关平立面中体现，仅需跟踪一个文件，方便项目管理。

2. 图元

图元是建筑模型中的单个实际项。图元指的是图形数据，所对应的就是绘图界面上看得见的实体。在 Revit 中，按照类别、族、类型对图元进行分类，三者关系如图 1.4-1 所示。

Revit 中族是很重要的一部分，Revit 中使用的所有图元都是族。某些族（如墙、楼板等）包括在模型环境中。其他族（如特定的门或装置）需要从外部族库载入模型中。如果不使用族，则无法在 Revit 中创建任何对象。通俗地讲，在 Revit 中所有模型都是由一个一个不同种类的图元组成的，而这些

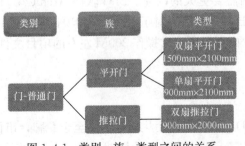

图 1.4-1 类别、族、类型之间的关系

图元都可以统称为族。

3. 族

组成项目的构件，也是参数信息的载体。族根据其参数属性集的共用、使用上的相同和图形表示的相似来对图元进行分组。一个族中不同图元部分或全部属性可能有不同的值，但是属性的设置是相同的。例如，"平开窗"作为一个族，可以有多个不同尺寸和材质的平开窗类型。

TIPS：族与项目之间的关系到底是怎样的呢？

打个简单的比方，就类似搭积木一样，族相当于一块块的小积木块儿，项目则是最终所有积木块有机结合到一起之后的成果。系统族相当于既成的积木块成品，作为样品展示于人前；而可载入族则是当成品库中没有需要用的积木块时，从原木重新定制成预期形状的积木块，建成后，应用到实际项目中。

Revit 族包含可载入族、系统族和内建族三种。

（1）可载入族：在默认情况下，在项目样板中载入标准构件族，但更多标准构件族存储在构件库中。使用族编辑器创建和修改构件，可以复制和修改现有构件族，也可以根据各种族样板创建新的构件族。族样板可以是基于主体的样板，也可以是独立的样板。基于主体的族包括需要主体的构件。例如：以墙族为主体的门族，独立族包括柱、树和家具；族样板有助于创建和操作构件族。标准构件族可以位于项目环境外，且具有 .rfa 扩展名，可以将它们载入项目，从一个项目传递到另一个项目，而且如果需要还可以从项目文件保存到您的族库中。

（2）系统族：系统族是在 Autodesk Revit 中预定义的族，包含基本建筑构件，墙、窗和门等。例如：基本墙系统族包含定义内墙、外墙、基础墙、常规墙和隔断墙样式的墙类型。可以复制和修改现有系统族并传递系统族类型，但不能创建新系统族，只能通过指定新参数定义新的族类型。

（3）内建族：在当前项目中新建的族，"内建族"只能存储在当前的项目文件里，不能单独存成 .rfa 文件，也不能用在别的项目文件中。内建族可以是特定项目中的模型构件，也可以是注释构件，例如：自定义墙的处理。创建内建族时，可以选择类别，且使用的类别将决定构件在项目中的外观和显示控制。

4. 族类别

以建筑构件性质为基础，对建筑模型进行归类的一组图元。如：门、窗、风管管件、给水排水附件等单独成族。族类别的选择是基于该族在行业中如何分类，即从制造商订购零件的方式，简单地说就是设置族类别，由用户来定义 Revit "族"是什么类型，属于建筑、结构、机械、电气或管道，在这五大类下还有很多小的分类，帮助用户给"族"定义符合实际用途的标签，如图 1.4-2 所示。

5. 族参数

族参数定义应用于该族中所有类型的行为或标识数据。不同的类别具有不同的族参数，具体取决于 Revit 希望以何种方式使用构件。

控制族行为的一些常见族参数示例包括（图 1.4-3）：

总是垂直：选中该选项时，该族总是显示为垂直，即 90°，即使该族位于倾斜的主体上，例如坡屋顶。

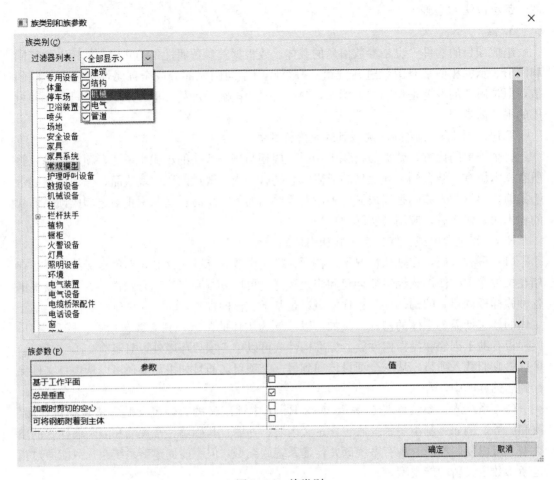

图 1.4-2 族类别

图 1.4-3 族参数

基于工作平面：选中该选项时，族以活动工作平面为主体。

可将钢筋附着到主体：勾选后制作的族可以添加钢筋，不勾选的无法添加钢筋。

共享：仅当族嵌套到另一族内并载入项目中时才适用此参数。如果嵌套族是共享的，则可以从主体族独立选择、标记嵌套族和将其添加到明细表。如果嵌套族不共享，则主体族和嵌套族创建的构件作为一个单位。

6. 族类型

族可以有多个类型，类型用于表示同一族的不同参数值，即一个固定窗族包含有"固定窗 900mm×2100mm""固定窗 1500mm×1800mm"等多种族类型。

TIPS：创建标准构件族的常规步骤：

（1）选择适当的族样板。

（2）定义有助于控制对象可见性的族的子类别。

（3）布局有助于绘制构件几何图形的参照平面。

（4）添加尺寸标注以指定参数化构件几何图形。

（5）全部标注尺寸以创建类型参数或实例参数。

（6）通过指定不同的参数定义族类型的变化。

（7）调整设定的参数以验证构件行为是否正确。

（8）用子类别和实体可见性设置指定二维和三维几何图形的显示特征。

（9）保存新定义的族，然后将其载入新项目，观察它如何运行。

课 后 习 题

一、单项选择题

1. 应用 BIM 支持和完成装配式工程项目生命周期过程中各种专业任务的专业人员指的是（   ）。

A. 装配式 BIM 标准研究类人员　　　B. 装配式 BIM 工具开发类人员

C. 装配式 BIM 工程应用类人员　　　D. 装配式 BIM 教育类人员

2. 下列选项中主要负责组件 BIM 团队、研究 BIM 对企业的质量效益和经济效益以及制定 BIM 实施宏观计划的是（   ）。

A. 装配式 BIM 战略总监　　　B. 装配式 BIM 执行经理

C. 装配式 BIM 技术顾问　　　D. 装配式 BIM 操作人员

3. 下列选项进行实际 BIM 建模及分析人员，属于 BIM 工程师职业发展的初级阶段的是（   ）。

A. 装配式 BIM 操作人员　　　B. 装配式 BIM 技术主管

C. 装配式 BIM 标准研究类人员　　　D. 装配式 BIM 工程应用类人员

4. 负责 BIM 应用系统、数据协同及存储系统、构件库管理系统的日常维护、备份等工作的人员属于 BIM 工程应用类中的（   ）。

A. BIM 模型生产工程师　　　B. BIM 专业分析工程师

C. BIM 信息应用工程师　　　D. BIM 系统管理工程师

5. BIM 的中文全称是（   ）。

A. 建设信息模型　　　B. 建筑信息模型

C. 建筑数据信息　　　D. 建设数据信息

6. 在 Revit 绘图界面上看得见的实体，被统称为（   ）。

A. 构件　　　B. 图元

C. 实例　　　D. 实体

7. 组成项目的构件，也是参数信息的载体，被称为（   ）。

A. 实例　　　B. 构件

C. 类型　　　D. 族

8. 标准构件族的扩展名为（   ）。

A. .rfa

B. .rft

C. .rvt

D. .rte

9. 只能进行复制和修改现有族并传递族类型，是属于（　　　）。

A. 可载入族

B. 内建族

C. 系统族

D. 外建族

10. 定义应用于该族中所有类型的行为或标识数据，指的是（　　）。

A. 族类型

B. 族类别

C. 族样式

D. 族参数

11. 在窗族中包含"固定窗 900mm × 2100mm"族，其中"固定窗 900mm × 2100mm"指的是（　　）。

A. 族类型

B. 族类别

C. 族样式

D. 族参数

二、多项选择题

1. 装配式 BIM 工程师根据应用领域可分为（　　　）。

A. 装配式 BIM 标准管理类

B. 装配式 BIM 工具研发类

C. 装配式 BIM 工程应用类

D. 装配式 BIM 教育类

2. 根据装配式 BIM 应用程度可将装配式 BIM 工程师职业岗位分为（　　　）。

A. 装配式 BIM 战略总监

B. 装配式 BIM 项目经理

C. 装配式 BIM 技术主管

D. 装配式 BIM 操作人员

E. 装配式 BIM 系统管理人员

3. 装配式 BIM 工程师基本素质主要体现在（　　）。

A. 职业规划

B. 职业道德

C. 健康素质

D. 团队协作能力

E. 沟通协调能力

4. 下列选项是装配式设计工程师职业素质要求的是（　　）。

A. 装配式建筑的设计工作

B. 组织或负责编制相关工程技术标准

C. 负责日常的设计工作联系及协调工作

D. 配合项目现场施工技术问题的解决

E. BIM 与造价多软件协调

5. 在 Revit 中图元被分为（　　）。

A. 类别

B. 构件

C. 族

D. 类型

E. 实例

6. 在 Revit 软件当中，族被分为（　　）。

A. 可载入族

B. 系统族

C. 内建族

D. 类型族

E. 实例族

参考答案

一、单项选择题

1. C   2. A   3. A   4. D   5. B   6. B   7. D   8. A   9. C

10. D   11. A

二、多项选择题

1. ABCD   2. ABCD   3. BCDE   4. ABCD   5. ACD   6. ABC

第 2 章　Revit 基础知识

本章导读：

　　本章主要介绍了 Revit 软件的界面基本操作；项目的创建打开和保存；在新建项目时候，如何创建作为基准图元的标高和轴网；在多人进行同一项目创建的时候，两种不同的协同方式的操作方法。

2.1 用户界面

2.1.1 功能区

功能区提供创建项目或族所需的全部工具。在创建项目文件时，功能区显示如图 2.1.1-1 所示。功能区主要由选项卡、工具面板和工具组成，图 2.1.1-1 展示的只是"创建"区域内容。

图 2.1.1-1 功能区选项卡示意

Revit 提供了 3 种不同的功能，单击功能区面板显示状态（图 2.1.1-2）。当使用鼠标左键单击选项卡最右端的显示选择按钮的时候，会分别呈现如图 2.1.1-3～图 2.1.1-5 的显示状态。

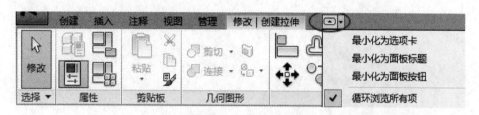

图 2.1.1-2 显示选择按钮

图 2.1.1-3 最小化为选项卡

图 2.1.1-4 最小化为面板标题

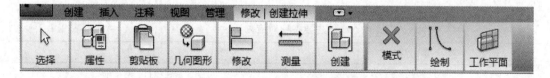

图 2.1.1-5 最小化为面板按钮

2.1.2 应用程序菜单栏

应用程序菜单提供对常用文件操作的访问，例如"新建""打开"和"保存"。还允许您使用更高级的工具（如"导出"和"发布"）来管理文件。

单击 ![] 打开应用程序菜单，如图 2.1.2 所示。

要查看每个菜单项的选择项，请单击其右侧的箭头。然后在列表中单击所需的项。

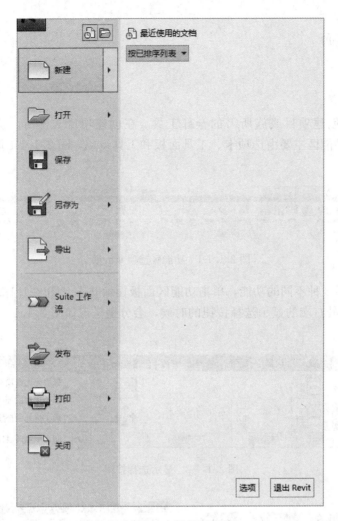

图 2.1.2　应用程序菜单

作为一种快捷方式，您可以单击应用程序菜单中（左侧）的主要按钮来执行默认的操作（表 2.1.2）。

主要按钮对应内容　　　　　　　　　　　　　　　　　　　　　　表 2.1.2

单击左侧	可以打开
（新建）	"新建项目"对话框
（打开）	"打开"对话框
（打印）	"打印"对话框
（发布）	"DWF 发布设置"对话框
（授权）	"产品与授权信息"对话框

1. 最近使用的文档

在应用程序菜单上，单击"最近使用的文档"按钮，可以看到最近所打开文件的列表。使用该下拉列表可以修改最近使用的文档的排序顺序。使用图钉可以使文档始终留在该列表中，而无论打开文档的时间距现在多久。

2. 打开的文档

在应用程序菜单上，单击"打开的文档"按钮，可以看到在打开的文件中所有已打开视图的列表。从列表中选择一个视图，以在绘图区域中显示。

2.1.3 快速访问工具栏

快速访问工具栏包含一组默认工具。您可以对该工具栏进行自定义，使其显示最常用的工具（图 2.1.3）。

图 2.1.3 快速访问工具栏

2.1.4 移动快速访问工具栏

快速访问工具栏可以显示在功能区的上方或下方。要修改设置，请在快速访问工具栏上单击"自定义快速访问工具栏"下拉列表，"在功能区下方显示"（图 2.1.4）。

2.1.5 将工具添加到快速访问工具栏中

在功能区内浏览以显示要添加的工具。在该工具上单击鼠标右键，然后单击"添加到快速访问工具栏"，如图 2.1.5 所示。

如果从快速访问工具栏删除了默认工具，可以单击"自定义快速访问工具栏"下拉列表并选择要添加的工具，来重新添加这些工具。

图 2.1.4 "自定义快速
访问工具栏"下拉列表

2.1.6 自定义快速访问工具栏

要快速修改快速访问工具栏，请在快速访问工具栏的某个工具上单击鼠标右键，然后选择下列选项之一：

（1）从快速访问工具栏中删除：删除工具。

（2）添加分隔符：在工具的右侧添加分隔符线。

要进行更广泛的修改，请在快速访问工具栏下拉列表中，单击"自定义快速访问工具栏"。在该对话框中，执行下列操作，见表 2.1.6。

图 2.1.5 工具按钮右键菜单
注：上下文选项卡上的某些
工具无法添加到快速访问工具栏中。

目标	操作
“自定义快速访问工具栏”操作方式	表 2.1.6

目标	操作
在工具栏上向上（左侧）或向下（右侧）移动工具	在列表中，选择该工具，然后单击⬆（上移）或⬇（下移）将该工具移动到所需位置。
添加分隔线	选择要显示在分隔线上方（左侧）的工具，然后单击（添加分隔符）
从工具栏中删除工具或分隔线	选择该工具或分隔线，然后单击✖（删除）

2.1.7　状态栏

状态栏会提供有关要执行的操作的提示。高亮显示图元或构件时，状态栏会显示族和类型的名称。

状态栏沿应用程序窗口底部显示（图 2.1.7）。

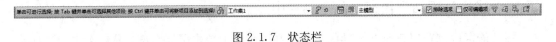

图 2.1.7　状态栏

隐藏状态栏：

单击“视图”选项卡▶“窗口”面板▶“用户界面”下拉列表，然后清除“状态栏”复选框。

要隐藏状态栏上的“工作集”或“设计选项”控件，请清除与它们相对应的复选框。

打开大的文件时，进度栏显示在状态栏左侧，用于指示文件的下载进度。

2.1.8　选项栏

选项栏：用于当前操作的细节设置，如：链、深度、半径、偏移等（图 2.1.8-1）。选项卡的出现依赖于当前命令，所以与上下文选项卡同时出现、同时退出，当选择上下文选项卡中不同的操作命令的时候，选项栏的内容会因命令不同而有所不同（图 2.1.8-2），根据用户需要进行参数设置。

图 2.1.8-1　选项栏

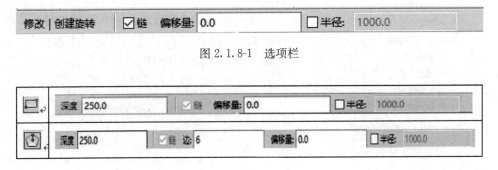

图 2.1.8-2　选项栏状态示意

2.1.9 项目浏览器

项目浏览器用于组织和管理当前项目中包括的所有信息，包括项目中所有视图、明细表、图纸、族、组、链接的 Revit 模型等。按逻辑层次关系整合这些项目资源，方便用户使用与管理。展开和折叠各分支时，将显示下一层集的内容，如图 2.1.9-1、图 2.1.9-2 所示。

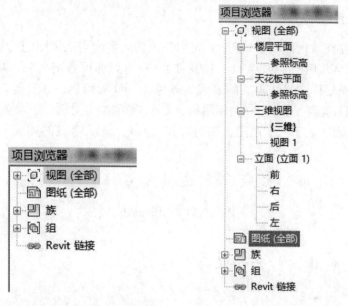

图 2.1.9-1　族-折叠项目浏览器　　　　图 2.1.9-2　族-展开项目浏览器

在项目浏览器对话框任意栏目名称上单击鼠标右键，在弹出右键菜单中选择【搜索】选项，打开"在项目浏览器中搜索"对话框，可以使用该对话框在项目浏览器中对视图、族及族类型名称进行查找定位，如图 2.1.9-3 所示。

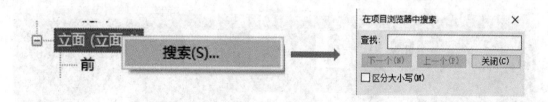

图 2.1.9-3　在项目浏览器中搜索

2.1.10 "属性"选项板

"属性"选项板是一个无模式对话框，通过该对话框，可以查看和修改用来定义图元属性的参数。

第一次启动 Revit 时，"属性"选项板处于打开状态并固定在绘图区域左侧"项目浏览器"的上方。如果您以后关闭"属性"选项板，则可以使用下列任一方法重新打开它：

（1）单击"修改"选项卡▶"属性"面板▶ ▣（属性）。

（2）单击"视图"选项卡▶"窗口"面板▶"用户界面"下拉列表▶"属性"。

（3）在绘图区域中单击鼠标右键并单击"属性"。

可以将该选项板固定到 Revit 窗口的任一侧，并在水平方向上调整其大小。在取消对选项板的固定之后，可以在水平方向和垂直方向上调整其大小。同一个用户从一个任务切换到下一个任务时，选项板的显示和位置将保持不变。

2.1.11　视图控制栏

通过视图控制栏如图 2.1.11 所示，可以快速访问影响当前视图的功能，其中包括下列功能：比例（含常用的 1：50、1：100、1：200 等，亦可自定义）、详细程度（粗略、详细、中等）、视觉样式（线框、隐藏线、着色、一致的颜色、真实等，常用前三种样式）、打开/关闭日光路径、打开/关闭阴影、显示/隐藏渲染对话框、裁剪视图、显示/隐藏裁剪区域、解锁/锁定三维视图、临时隔离/隐藏、显示隐藏的图元、分析模型的可见性。

图 2.1.11　视图控制栏

2.2　项目的创建、打开和保存

2.2.1　项目的创建

启动软件时将显示如图 2.2.1-1 所示的界面窗口。

使用列出的样板创建项目，单击所需的样板。软件使用选定的样板作为起点，创建一个新项目，如图 2.2.1-2 所示。

（1）单击"新建"。

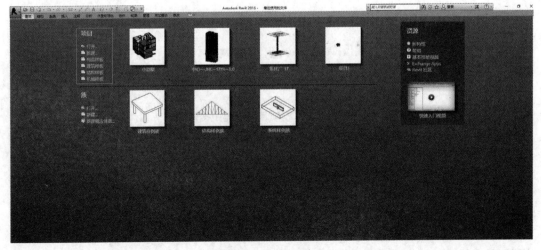

图 2.2.1-1　界面窗口

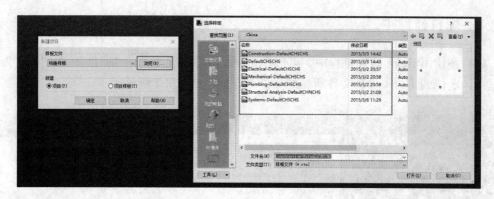

图 2.2.1-2 选择项目样板

（2）在"新建项目"对话框的"样板文件"下，执行以下操作之一：

1）从列表中选择样板。

2）单击"浏览"，定位到所需的样板（.RTE 文件），然后单击"打开"。

Revit 提供了多种项目样板，这些样板位于以下位置的文件夹中：

项目样板的添加和储存位置，可在选项中进行设置，如图 2.2.1-3 所示。

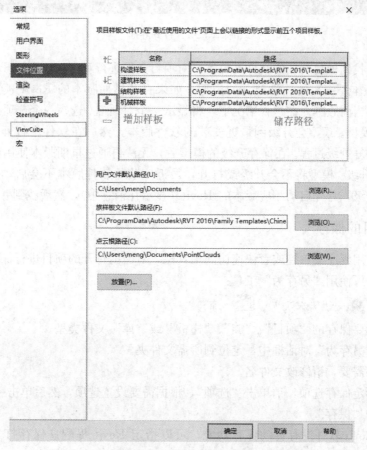

图 2.2.1-3 "项目样板的添加和储存位置"设置界面

2.2.2　项目的打开

（1）在使用 Revit 软件过程中，可以单击 ![] ▶ "打开" ▶ ![] "项目"。在"打开"对话框中，定位到 Revit 项目文件所在的文件夹，如图 2.2.2-1 所示。

图 2.2.2-1　打开界面

（2）直接找到项目所处的文件夹位置，对项目文件进行双击，也可打开该项目。

TIPS：版本不统一的软件建立的模型，如果打开早期版本的 Revit 模型，该模型可能需要升级到当前版本。在这种情况下，将显示一个对话框。选择一个选项：

1）升级模型。模型会升级到最近安装的软件版本，然后在软件中打开。保存升级的模型以避免重复升级过程。在保存升级的模型后，无法再通过早期版本使用该模型。

2）取消升级。模型将不会升级或打开，最近安装的软件版本不会启动。若要打开模型但不进行升级，首先启动相应版本的 Revit（显示在消息中），然后找到并打开该模型。

2.2.3　项目的保存

可以从应用程序菜单栏或者快速访问工具栏，对当前打开的项目进行保存。若要保存文件的副本，可使用"另存为"工具：

（1）单击 ![] ▶ "另存为" ▶ ![] "项目"。

（2）选择要保存的"项目"、"族"、"样板"或"库"文件类型。

（3）在"另存为"对话框中，定位到所需文件夹。

（4）如果需要，请修改文件名。

（5）要指定保存选项，请单击"选项"，根据需要设置选项，然后单击"确定"。

（6）单击"保存"。

TIPS：Revit 软件没有自动保存功能，可以指定 Revit 提醒您保存打开的项目的频率，也可以关闭提醒：

（1）单击 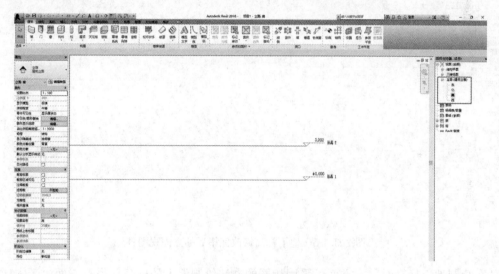，"选项"。

（2）在"选项"对话框中，单击"常规"选项卡。

（3）要修改 Revit 提醒您保存已打开项目的频率，请选择一个时间间隔作为"保存提醒间隔"。

（4）要关闭保存提醒，请选择"不提醒"作为"保存提醒间隔"。

（5）单击"确定"。

2.3 标高和轴网的建立

2.3.1 标高的建立

建立好新的项目文件后，需要在立面上建立该项目的标高，在项目浏览器中选择任一立面双击，如南立面，进入到该项目的立面视图，如图 2.3.1-1 所示

图 2.3.1-1 南立面视图

如图 2.3.1-1 所示，该项目样板默认设置好两个标高，接下来我们需要根据本项目的图纸所给的标高，对标高进行更改，以焦化厂 17 号装配式公租房项目为例，该项目为地下 5 层，地上 17 层。先对标高的名字进行更改，鼠标放置"标高 1"处双击，进入名称可编辑模式，如图 2.3.1-2 所示。更改名称为"F1"，鼠标点击空白处或者回车，在"是否希望重命名相应视图"对话框内选择"是"，如图 2.3.1-3 所示。

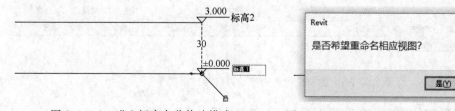

图 2.3.1-2 进入标高名称修改模式　　　图 2.3.1-3 "是否希望重命名相应视图"对话框

21

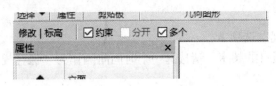

图 2.3.1-4　选项栏中勾选"约束"与"多个"

选中标高"F1"，使用复制命令，可点击"修改"选项卡复制按钮，或使用快捷键"CO"向下复制地下标高，为防止标高来回移动可在选项栏内选中"约束"命令，因要复制多个标高，所以勾选上"多个"命令如图 2.3.1-4 所示。以"F1"标高作为最近点，点击往下绘制标高，并输入"B1"层标高数值，以此类推绘制地下标高，绘制完毕后修改每个标高的名称，如图 2.3.1-5 所示。

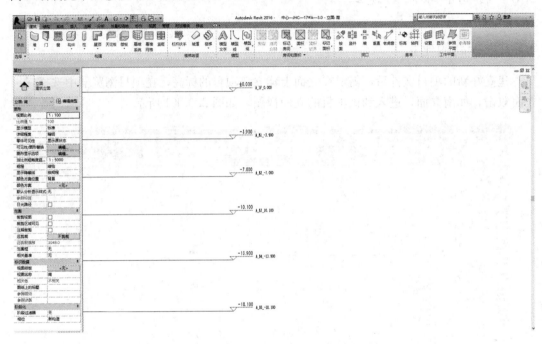

图 2.3.1-5　地下标高修改完毕后的立面视图

在绘制地上标高时，一方面可采用相同的办法绘制地上的标高；另一方面由于本项目是超高层，并含有标准层，那么在绘制地上标高时，为了减少工作量，我们可以采用"阵列"方式绘制地上标高。选中"F2"标高，在功能区选项卡中选择"阵列"命令，或选择输入"阵列"命令的快捷方式"AR"进行标高的阵列。在选项卡中勾选上"第二个"和"约束"命令，如图 2.3.1-6 所示。以"F2"标高为最近点，输入标准层高数值 2800，按回车键，在出现的数值框内输入需要阵列的标高个数"18"并按回车键。如图 2.3.1-7 所示，完成标高的阵列。

图 2.3.1-6　选项栏中选中"约束"与"第二个"

TIPS：阵列命令选项卡移动到"第二个"和"最后一个"的区别：

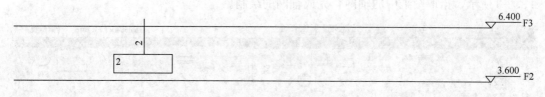

图 2.3.1-7 阵列数量输入框

（1）指定第一个图元和第二个图元之间的间距（使用"移动到：第二个"选项）。所有后续图元将使用相同的间距。

（2）指定第一个图元和最后一个图元之间的间距（使用"移动到：最后一个"选项）。所有剩余的图元将在它们之间以相等间隔分布。

2.3.2 轴网的绘制

建立好项目的标高之后，对该项目的立面有了条件的约束，为了在平面上做好约束，需要跳转到楼层平面中，进行轴网的绘制。在实际项目中，可以通过载入项目平面图纸，选用"拾取"的绘制方式进行绘制轴网。

首先，在项目浏览器中找到结构平面，进行展开，双击"F1"进入"F1"楼层平面，为了给项目有统一的定位，一般将项目的基点和测量点的交界点作为项目的基准点，点击视图控制栏中的小灯泡即"显示隐藏图元"，可查看到项目的基点和测量点已显示。

然后，在功能区选项卡中选择"插入"选项卡，链接 CAD 图纸如图 2.3.2-1 所示，选择首层图纸，并修改选项单位为"毫米"，定位为"原点到原点"，如图 2.3.2-2 所示。

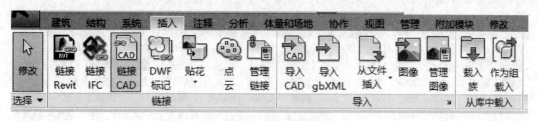

图 2.3.2-1 插入选项卡中选择链接 CAD

图 2.3.2-2 打开图纸选项栏中修改"导入单位"和"定位"

载入图纸后，对图纸进行解锁移动，使图纸①轴与Ⓐ轴的交点与项目的基点重合。

最后，在功能区建筑选项卡中选择"轴网"命令，采用"拾取"线的方式，如图

2.3.2-3 所示，拾取图纸中的轴网，完成轴网的绘制。

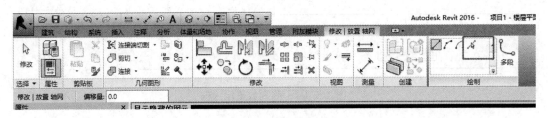

图 2.3.2-3 修改选项卡中选择绘制栏中"拾取"线的方式

2.4 Revit 的协同

建筑物自身的功能、结构、构造、机械设备及其室内装饰装修的专业性，甚至于目前随着人们工作、生活需求的不断丰富，决定了多专业协同工作的必然可行性。多专业协同可以提高效率，在运用 BIM 技术过程中，多专业协同更加直观，减低了专业之间的行业门槛，提高沟通效率。在 Revit 软件中按照协作方式不同可以分为各专业间链接协作和使用工作集协作。

2.4.1 多专业协同

1. 项目文件的链接导入

打开现有项目，或启动新项目。单击"插入→链接 | 链接 Revit/连接 IFC/链接 CAD 等"，如图 2.4.1-1 所示，可根据项目实际需求及进度进行链接导入。

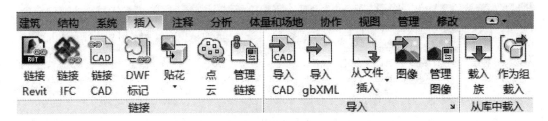

图 2.4.1-1 插入选项卡中的链接、导入命令

在"导入/链接 RVT"对话框中，选择要链接的模型，如图 2.4.1-2 所示。

指定所需的选项作为"定位"，选择"自动-原点到原点"。如果当前项目使用共享坐标，请选择"自动-通过共享坐标"。

自动-中心到中心：Revit 将导入项的中心放置在 Revit 模型的中心。模型的中心是通过查找模型周围的边界框的中心来计算的。如果 Revit 模型存在不可见区域，则此中心点可能在当前视图中不可见。要使中心点在当前视图中可见，使用"缩放匹配"将视图进行缩放，使导入图形可见。

自动-原点到原点：Revit 将导入项的全局原点放置在 Revit 项目的内部原点上。如果所绘制的导入对象距原点较远，则它可能会显示在模型较远距离的位置，使用"缩放匹配"显示导入链接图形。

图 2.4.1-2 导入/链接文件选项中修改"定位"属性

自动-通过共享坐标：Revit 会根据导入的几何图形相对于两个文件之间共享坐标的位置，放置此导入的几何图形。如果文件之间当前没有共享的坐标系，Revit 通知并使用"自动-中心到中心"定位。

除自动外，还可以通过手动方式导入。

2. 文件的管理

对于已插入的链接文件，可以单击"插入→链接→链接管理"进行管理，如图 2.4.1-3、图 2.4.1-4 所示。

图 2.4.1-3 插入选项卡中的"管理链接"工具按钮

在管理链接选项卡中还有"重新载入来自""重新载入""卸载"等功能。要卸载选定的模型，请单击"卸载"，弹出"卸载链接"对话框（图 2.4.1-5），单击"确定"进行卸载。如果需要重新链接，点击"重新载入"即可。

在可见性设置中，可以对链接文件进行图形管理，依次单击"视图→可见性/图形"，如图 2.4.1-6、图 2.4.1-7 所示，对于链接的 Revit 模型可见性、半色调与基线解释见表 2.4.1。

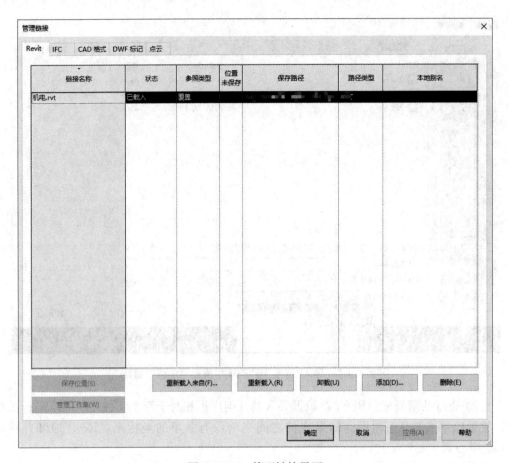

图 2.4.1-4　管理链接界面

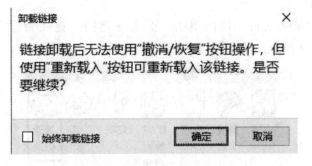

图 2.4.1-5　"卸载链接"对话框

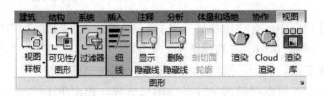

图 2.4.1-6　视图选项卡中"可见性图形"工具按钮

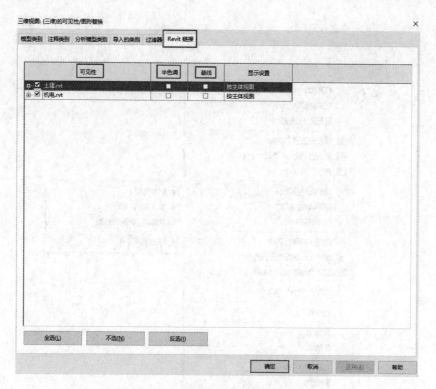

图 2.4.1-7 修改视图可见性/图形属性

可见性/图形中属性功能含义 表 2.4.1

可见性	选中该复选框可以在视图中显示链接模型，取消选中该复选框可以隐藏链接模型
半色调	选中该复选框可以按半色调绘制链接模型
基线	选中复选框将链接模型在项目中显示为基线。几何图形将以半色调显示，不会遮挡在项目中新绘制的线和边

2.4.2 工作集协同

1. 协同工作前期准备

启用工作共享时，需要从现有模型创建主项目模型，称为中心模型。中心模型将存储项目中所有工作集和图元的当前所有权信息，并充当该模型所有修改的分发点。所有用户都应保存各自的中心模型本地副本，在该工作空间本地进行编辑，然后与中心模型进行同步并将所作的更改发布到中心模型中，以便其他用户可以看到他们的工作成果。

以某台电脑作为服务器为例，首先应当建立中心文件夹，并共享到网络，点击授予权限，选择特定用户，如图 2.4.2-1 所示。选定特定分组，此处以 Everyone 为例，选择添加并点击共享，如图 2.4.2-2 所示。此时该文件夹已生成共享文件夹，别人可通过网络访问该电脑，进行对该文件夹的读取和写入，有关读取和写入的权限，可在设置共享文件夹的时候进行设定，如图 2.4.2-3 所示。

2. 创建工作集

依次单击"协作→管理协作→工作集"，首次创建工作集会弹出"工作共享"对话框。

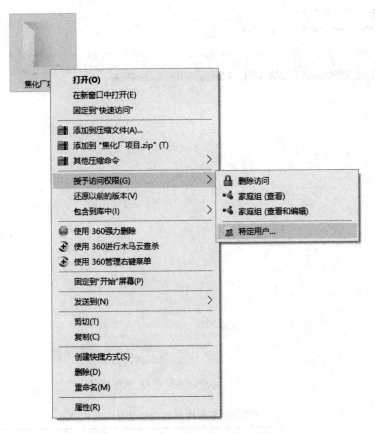

图 2.4.2-1　对文件夹设置访问权限

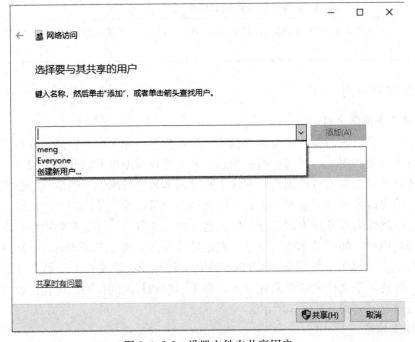

图 2.4.2-2　设置文件夹共享用户

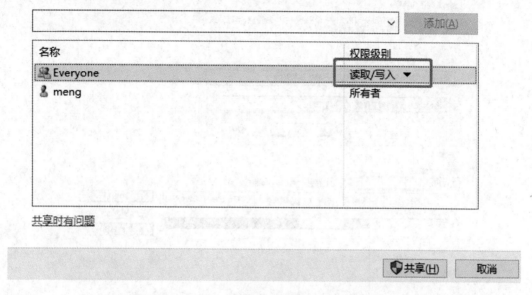

图 2.4.2-3　设置文件夹共享各成员组权限

保持默认值不变，点击确定，软件将进行工作集的创建，"共享标高和轴网""工作集 1"创建完成后，弹出"工作集"对话框，在"工作集"对话框中可以项目需要新建工作集，也可以对已创建的工作集重新命名或者删除，一般按照项目名称与各个专业构成工作集名称，如：××项目-土建/机电等专业。通过"活动工作集"可以指定当前活动的工作集，勾选"以灰色显示非活动工作集"，在绘图区域中不属于活动工作集的所有图元以灰色显示，如图 2.4.2-4 所示。

"活动工作集""以灰色显示非活动工作集"也可以通过"管理协作"修改。完成"工作集"名称设置后，就可以将现有图元进行分配。在属性栏中按照逻辑分层图元进行隶属关系的分配。

3. 设置中心文件、工作集认领及协同工作

依次单击"应用程序→另存为→项目"，保存路径为已经设置好的网络共享文件夹，如图 2.4.2-5 所示。

中心文件另存到共享文件夹后，需将项目关闭，因为此时的项目已成中心文件，每个工程师不得直接打开中心文件，需要从网络共享文件夹中访问中心文件，并以新建本地副本的形式新建副本文件。注：在新建和打开工程文件的时候，需要使用相同版本的软件和同一个网络。在新启动 Revit 时，选择打开项目，通过网络找到共享文件夹，以新建本地副本的形式进行打开，步骤为点击打开—选择网络—找到共享文件夹—点击中心文件—勾

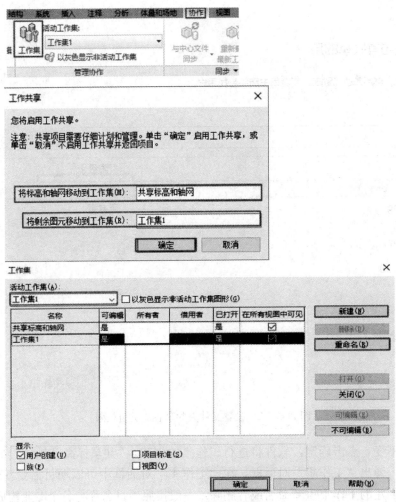

图 2.4.2-4　创建工作集

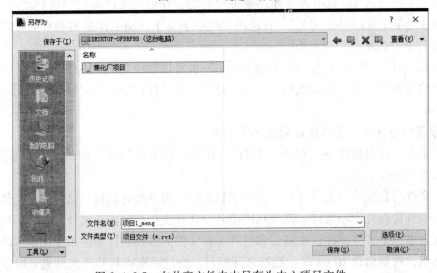

图 2.4.2-5　在共享文件夹中另存为中心项目文件

选新建本地文件，如图 2.4.2-6 所示，此时本地副本所存在的位置，可以在选项中进行设置，如图 2.4.2-7 所示，以及在选项中设置同步更新频率。

图 2.4.2-6　创建本地副本项目文件

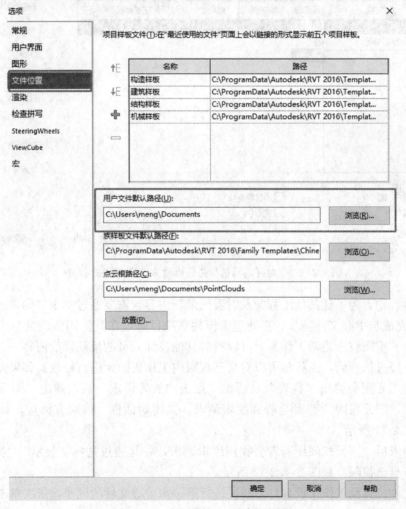

图 2.4.2-7　更改用户文件默认路径

　　打开工程文件以后，可在界面功能区看到同步更新图标绿色转换头不再是灰显，项目名称多了后缀名，此时证明已成功新建本地副本文件，并且该项目是协同项目，如图2.4.2-8 所示。

图 2.4.2-8　同步更新按钮亮显、项目名称后加入用户名后缀

　　打开中心文件副本后，根据项目任务分工不同，每个工程师认领自己的工作集，"协作→管理协作→工作集"，将自己的任务对应可编辑选择"是"，所有者就会自动更新为当前的作者，进行确定，接下来的绘制内容归入所有者"活动工作集"，如图 2.4.2-9 所示。

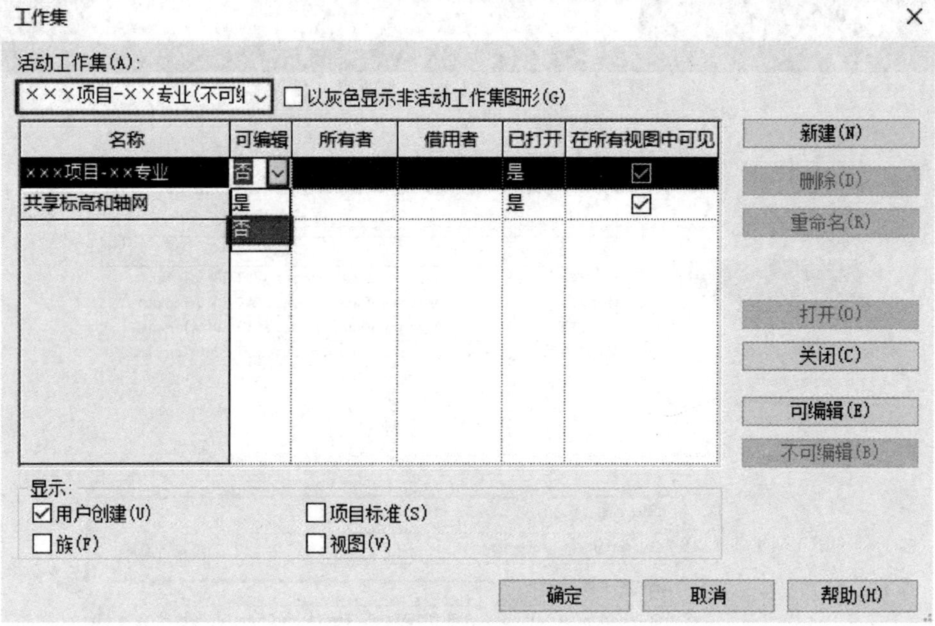

图 2.4.2-9　对可编辑选项进行修改来实现权限的收放

　　建模过程中，为了让其他工程师及时看到最新内容，需要通过单击"同步→与中心文件同步"，完成与中心文件同步。在处理工作共享项目时，在其他团队成员与中心模型同步后，通过"重新载入最新工作集"可以查看其他设计人员的最新修改内容。

　　工作集经过认领后，工程师可以对自己权限内工作集图元进行修改。如果需要修改其他设计师的图元则会弹出"警告"对话框。点击"放置请求"后，弹出"编辑请求已放置"通知框，图元权限所有者会收到编辑请求，关闭对话框，待对方回应，如图 2.4.2-10、图 2.4.2-11 所示。

　　放置请求后，图元权限所有者会收到编辑请求，并且通过选择"显示""批准""拒绝"来执行自己权限，如图 2.4.2-12 所示。

　　中心文件位置及工作集设置好之后要进行第一次中心文件的同步，依次单击"同步→与中心文件同步"，完成中心文件的创建，如图 2.4.2-13 所示。

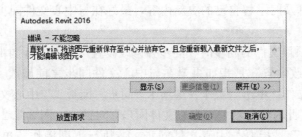

图 2.4.2-10 权限错误提示对话框

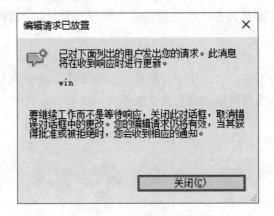

图 2.4.2-11 发送编辑请求

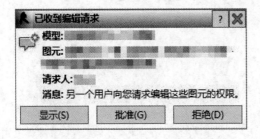

图 2.4.2-12 已收到编辑请求

图 2.4.2-13 与中心文件同步

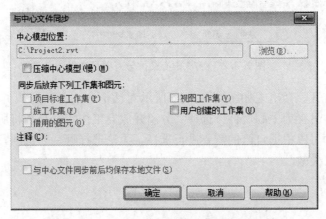

图 2.4.2-14 "与中心文件同步"设置对话框

为使其他工程师及时了解自己的更新内容，最好在与中心文件同步时，对本次更新内容进行简要说明。

TIPS：在进行项目文件的同步时"同步并修改设置"和"立即同步"的区别：

（1）"同步并修改设置"是指如果要在与中心文件同步之前修改"与中心文件同步"设置，请执行下列操作：单击"协作"选项卡"同步"面板"与中心文件同步"下拉列表（同步并修改设置）。此时将显示"与中心文件同步"对话框（图 2.4.2-14）。

（2）"立即同步"是指要与中心文件同步，请执行下列操作：单击"协作"选项卡"同步"面板"与中心文件同步"下拉列表（立即同步），此时的同步是毫无条件的同步，不仅仅将自己更改的内容上传至中心文件中，并将读取到中心文件中其他工程师的更改内容。

4. 工作集的放弃

在项目结束后，为了在以后工作中方便打开工程文件，需要将工程文件从中心文件中进行分离，点击打开—选择网络—找到共享文件夹—点击中心文件—勾选"从中心分离"，如图 2.6.2-15 所示。

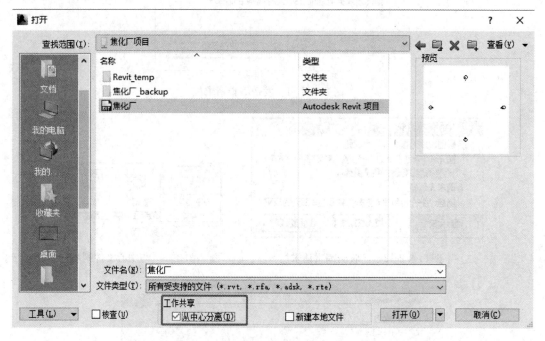

图 2.4.2-15　从中心文件分离项目文件

此时，选择打开，会出现如图 2.4.2-16 所示对话框。选择"分离并保留工作集"方便以后再将该文件另存为中心文件。选择"分离并放弃工作集"是指将所有有关工作集的设置删除。工程师可以根据自己的需要进行选择，无论选择哪一个选项，此时打开的文件的工作集功能都已失效。

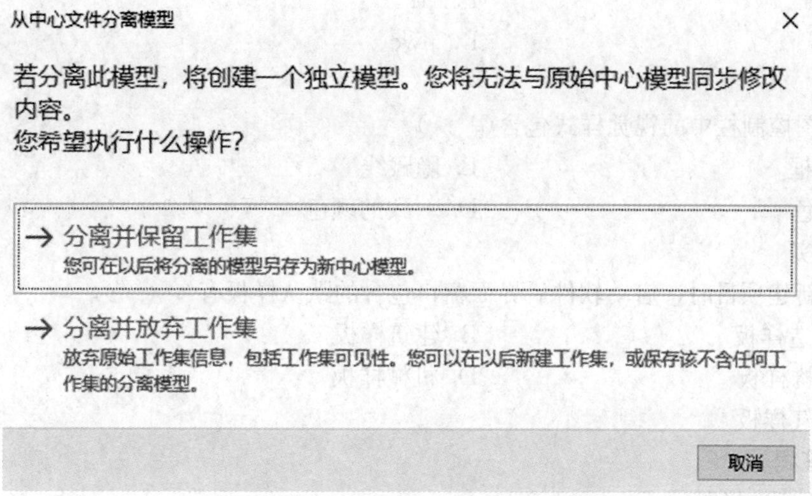

从中心文件分离模型   ✕

若分离此模型，将创建一个独立模型。您将无法与原始中心模型同步修改内容。
您希望执行什么操作？

→ 分离并保留工作集
　　您可在以后将分离的模型另存为新中心模型。

→ 分离并放弃工作集
　　放弃原始工作集信息，包括工作集可见性。您可以在以后新建工作集，或保存该不含任何工作集的分离模型。

取消

图 2.4.2-16　保留/放弃工作集弹框

课　后　习　题

一、单项选择题

1. 视图详细程度不包括(　　)。

A. 精细　　　　　B. 粗略　　　　　C. 中等　　　　　D. 一般

2. 下列(　　)不属于视图控制栏。

A. 比例　　　　　B. 层叠窗口　　　C. 视觉样式　　　D. 详细程度

3. 在以下 Revit 用户界面中可以关闭的界面为(　　)。

A. 绘图区域　　　　　　　　　　　B. 项目浏览器

C. 功能区　　　　　　　　　　　　D. 视图选项栏

4. 定义平面视图主要范围的平面不包含(　　)。

A. 顶部平面　　　　　　　　　　　B. 底部平面

C. 剖切面　　　　　　　　　　　　D. 标高平面

5. 项目浏览器界面不包含(　　)。

A. 视图　　　　　　　　　　　　　B. 族

C. 属性　　　　　　　　　　　　　D. 组

6. 在对视图、族及族类型名称进行查找定位的时候，可以在(　　)对话框里进行操作。

A. 属性　　　　　　　　　　　　　B. 功能区

C. 项目浏览器　　　　　　　　　　D. 视图控制栏

二、多项选择题

1. 功能区主要由(　　)组成。

A. 选项卡　　　　　　　　　　　　B. 工具面板

C. 工具　　　　　　　　　　　　　D. 视图选项栏

2. 以下(　　)格式可以通过 Revit 直接打开。

A. rvt
B. rtr

C. rta
D. nwc

E. ifc

3. 视图控制栏中的视觉样式包含(　　)。

A. 线框
B. 隐藏线

C. 着色
D. 一致的颜色

E. 真实

4. 在新建项目时，启动软件后界面窗口包含的默认样板有 (　　)。

A. 构造样板
B. 建筑样板

C. 结构样板
D. 机械样板

E. 电气样板

参考答案

一、单项选择题

1. D　　2. B　　3. B　　4. D　　5. C　　6. C

二、多项选择题

1. ABC　　2. ABE　　3. ABCDE　　4. ABCD

第3章 装配式建筑识图

本章导读：

　　本章主要介绍了工程识图的基础知识，包括工程图纸及其分类、识图原理、建筑工程图纸等部分内容。在此基础上，介绍了装配式建筑和常规现浇混凝土建筑在图纸上的区别，通过本章学习，应了解装配式建筑工程图纸的类型及表达内容，熟悉形体投影以及剖面图和断面图的做法，掌握初步设计和施工图设计的基本要求等。

3.1 工程图纸及其分类

根据工程性质的不同，工程图纸可分为不同类型。采用平面图表达立体外形和尺寸时，一般都采用三视图的方法，即正视图、侧视图、俯视图。按照三视图的原理，建筑工程图纸分为建筑平面图、立面图和剖面图，另外还包括建筑详图和结构施工图。建筑工程平面图又可分为两大类，一类为总平面图，另一类为表达一项具体工程的平面图。依据投影的方向不同，立面图又可分为东立面、西立面、南立面和北立面图。四个立面中有一个为楼房的正面，称为正立面图。各种图纸的主要功能、绘制方法和命名方法均有所不同。

建筑工程图纸是用于表示建筑物的内部布置情况、外部形状，以及装修、构造、施工要求等内容的有关图纸。其可分为建筑施工图、结构施工图、设备施工图。其中建筑施工图包括建筑总平面图，建筑平面图，建筑立面图，建筑剖面图和建筑详图等；结构施工图包括基础平面图，基础剖面图，屋盖结构布置图，楼层结构布置图，柱、梁、板配筋图，楼梯图，结构构件图或表以及必要的详图等；设备施工图包括管道施工图、采暖施工图、结构构件图、电气施工图、通风施工图和给水排水施工图等。

常见的工程图纸图例有标题栏和会签栏、比例尺、定位轴线和编号、尺寸标注、标高、索引符号和详图符号以及指南针。

3.2 识图原理

3.2.1 形体的投影

1. 投影的形成

假定光线可以穿透物体（物体的面是透明的，而物体的轮廓线是不透的），并规定在影子当中，光线直接照射到的轮廓线画成实线，光线间接照射到的轮廓线画成虚线，则经过抽象后的"影子"称为投影，如图 3.2.1-1 所示。由图可见，形成投影的三要素：投影线、形体、投影面。

2. 投影的分类

投影分为中心投影和平行投影，如图 3.2.1-2 所示。中心投影的光源固定，投影的大小随形体距光源的距离的不同而不同；而平行投影又分为正投影和斜投影，其中正投影的

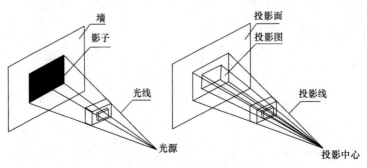

图 3.2.1-1 投影的形成图

投影线垂直于投影面，而斜投影的投影线倾斜于投影面。

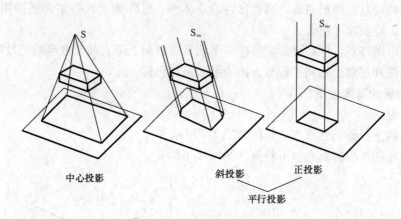

图 3.2.1-2 投影的类型图

3. 土建工程中常用的几种投影图

土建工程中常用的投影图有：正投影图、轴测图、透视图、标高投影图，如图 3.2.1-3～图 3.2.1-6 所示。

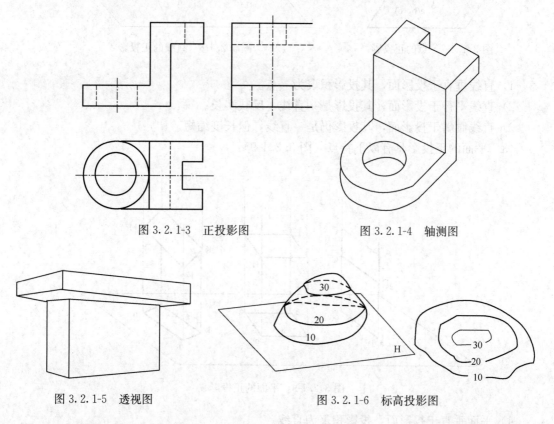

图 3.2.1-3 正投影图　　　　　　图 3.2.1-4 轴测图

图 3.2.1-5 透视图　　　　　　图 3.2.1-6 标高投影图

正投影图的特点：能反映形体的真实形状和大小，度量性好，作图简便，为工程制图中经常采用的一种。

轴测图的特点：具有一定的立体感和直观性，常作为工程上的辅助性图。但不能反映形体所有可见的实形，度量性不好，绘制麻烦。

透视图的特点：图形逼真，具有良好的立体感，常作为设计方案和展览用的直观图。不反映实形，绘制难度更大。

标高投影图特点：标高投影图是在一个水平投影面上标有高度数字的正投影图，常用来绘制地形图和道路、水利工程等方面的平面布置图样。

4. 正投影的基本性质

由图可见：

（1）点的正投影仍然是点，如图 3.2.1-7 所示。

（2）直线的正投影具有以下特点（图 3.2.1-8）：

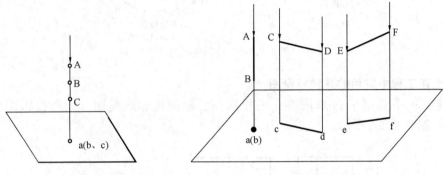

图 3.2.1-7　点的正投影　　　　图 3.2.1-8　直线的正投影

1）直线垂直于投影面，其投影积聚为一点。

2）直线平行于投影面，其投影是一直线，反映实长。

3）直线倾斜于投影面，其投影仍是一直线，但长度缩短。

（3）平面的正投影具有以下特点（图 3.2.1-9）：

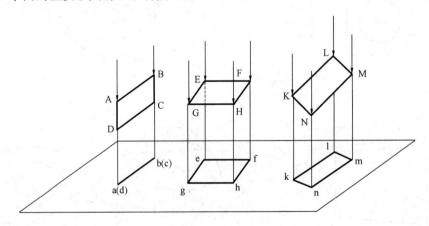

图 3.2.1-9　平面的正投影

1）平面垂直于投影面，投影积聚为直线。

2）平面平行于投影面，投影反映平面的实形。

3）平面倾斜于投影面，投影变形，图形面积缩小。

5. 形体的三面正投影

（1）三面投影图的形成

图 3.2.1-10 为空间 3 个不同形状的形体，它们在同一投影面上的投影却是相同的。由图可以看出：虽然一个投影面能够准确地表现出形体的一个侧面的形状，但不能表现出形体的全部形状。那么，需要几个投影才能确定空间形体的形状呢？

一般来说，用三个相互垂直的平面做投影面，用形体在这三个投影面上的三个投影，才能充分地表示出这个形体的空间形状，如图 3.2.1-11 所示。三个相互垂直的投影面，称为三面投影体系。形体在这三面投影体系中的投影，称为三面正投影图。

（2）三个投影面的展开

三个投影面展开以后，三条投影轴成了两条相交的直线；原 X、Z 轴位置不变，原 Y 轴则分成 Y_H、Y_W 两条轴线（图 3.2.1-12）。

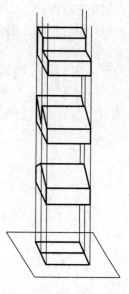

图 3.2.1-10 形体的正投影图

（3）三面正投影图的分析

可见，三面正投影图之间存在一定的规律：长对正，高平

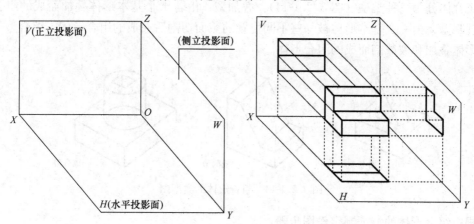

图 3.2.1-11 三面投影图的形成图

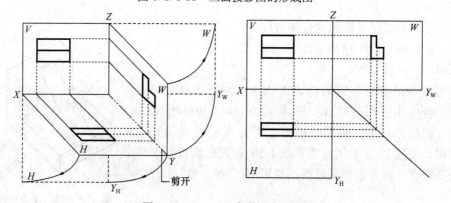

图 3.2.1-12 三面投影坐标系图

齐，宽相等（图 3.2.1-13）。

（4）组合形体三面正投影图的作图方法

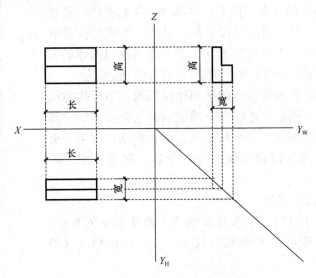

图 3.2.1-13　三面投影图的性质图

组合体分为三种类型（图 3.2.1-14）：叠加型：由若干个基本形体叠加而成的组合形体；截割型：由一个基本形体被一些不同位置的截面切割后而成的组合形体；综合型：由基本形体叠加和被截割而成的组合形体。

叠加型

截割型

综合型

图 3.2.1-14　组合形体的类型图

根据组合形体的特征制定作图步骤：

第一步：形体分析。

第二步：选择正立面图的投影方向。

第三步：确定绘图比例（如 1：1）。

第四步：画投影图。

下面举例说明组合体的投影图画法：如图 3.2.1-15 所示的组合体由三部分组成：形体 1、形体 2 和形体 3，每个部分的尺寸均可以画出来；确定箭头 A 的方向为正立面方向，按照 1：1 绘图（图 3.2.1-16）；根据前投影面的性质和规律，就可以得到最终的投影图，如图 3.2.1-17 所示。

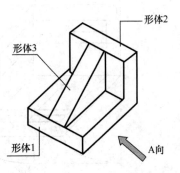

图 3.2.1-15　组合形体

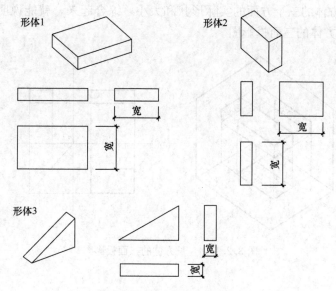

图 3.2.1-16　组合形体的构成

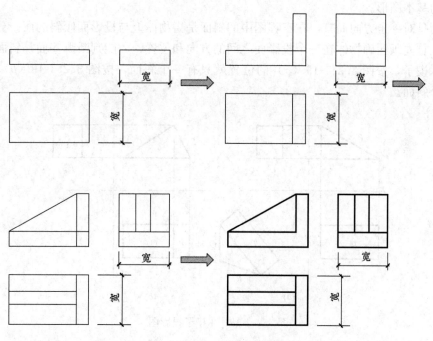

图 3.2.1-17　形体的投影图

6. 平面体的投影

物体的表面是由平面组成的称为平面体。属于平面体的简单体有长方体和斜面体，其中长方体包括正方体、长方体；斜面体包括棱柱、棱锥、棱台。

（1）长方体

将长方体放在三个互相垂直的投影面之间，方向位置摆正，即长方体的前、后面与 V 面平行，左、右面与 W 面平行，上、下面与 H 面平行。这样所得到的长方体的三面正投影图，反映了长方体的三个方面的实际形状和大小，综合起来，就能说明它的全部形状。图 3.2.1-18 是长方体的三面投影图。

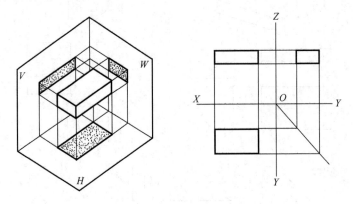

图 3.2.1-18　长方体的三面投影图

（2）斜面体

凡是带有斜面的平面体，统称为斜面体，棱柱（不包括四棱柱）、棱锥、棱台等都是斜面体的基本图形。

斜面是对一定方向而言，在工程图中的斜面是指物体上与投影面倾斜的面。分析一个斜面体，首先须明确物体在三个投影面之间的方向和位置，才能判断哪些面是斜面。同样是一个木楔子，按图 3.2.1-19（a）的位置就只有一个斜面，按图 3.2.1-19（b）的位置就有两个斜面。

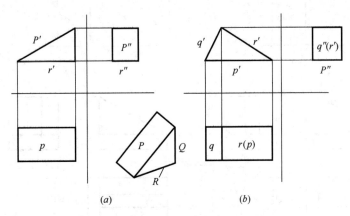

(a)　　　　　　　　(b)

图 3.2.1-19　木楔子投影图

图 3.2.1-20 是三棱柱的正投影图，三棱柱的背面与 V 面平行，前面 P、Q 两个面是斜面，都垂直于 H 面，与 V、W 面倾斜。P、Q 面的水平投影积聚为两条线，反映 P、Q 面和 V、W 面的倾斜角度，P、Q 两面在 V、W 面上的投影缩小。

由上面两个斜面体的投影可以看出：垂直于一个投影面的斜面，在该投影面上的投影积聚为直线，并反映斜面与另两个投影面的倾斜角度，此斜面的其余两个投影形状缩小。

（3）曲面体的投影

曲面体是由曲面或曲面与平面围成的形体，建筑工程中的圆柱、壳体屋顶、拱、管道

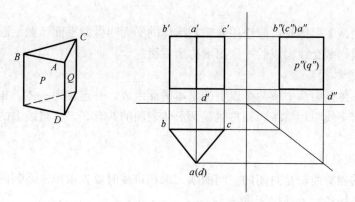

图 3.2.1-20 三棱柱投影图

等，都是曲面体。工程中常见的曲面体通常有以下三种，即柱体、圆锥体和球体。它们都是由直线或曲线围绕轴线旋转产生的，统称为旋转体。

1）圆柱体的投影

圆柱面是一个直线曲面。柱面上的所有素线都垂直于底面和顶面，因此整个柱面也垂直于底面和顶面，其投影积聚为一个圆，与圆柱体的上下底的投影重合。

2）圆锥体的投影

圆锥体的锥面是直线曲面，锥面上的素线都和 H 面成一定角度，因此圆锥的水平投影图既是锥底的投影，又是锥面的投影。圆心是锥顶的投影。

3）球体的投影

球面是由半圆素线绕过它本身的直径旋转而成的。球体的三个投影都是圆，是球体上与三个投影面分别平行并过球心的圆投影。球体投影如图 3.2.1-21 所示。

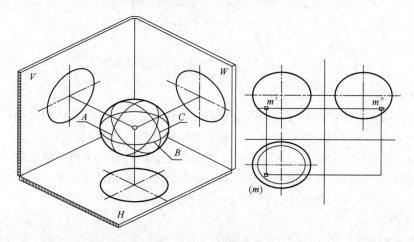

图 3.2.1-21 球体投影图

（4）组合体的投影

工程图所表现的构件多数是组合体，可以看做是两个或两个以上的基本形体连接而成。在这些组合体的表面经常出现一些交线，这些交线有些是由平面与形体相交而形成的，有些则是由两个形体相交而成的，有些则是由平面截去基本形体一部分而形成。

1）截交线

用平面截割基本形体时，假想用来截割形体的平面叫做截平面。截平面与形体表面的交线称为截交线，截交线围成的平面图形称为截面。

2）平面组合体投影

有些建筑形体是由两个或两个以上的基本平面组成，并连接为一体。相交的形体称做相贯体，其表面交线叫相贯线。相贯线是两形体表面的共有线，相贯线上的点为两形体表面的共同点。

3）曲面体组合投影

两曲面体的相贯线，是封闭的空间曲线。求相贯线时要先求出一系列的共有点，然后用曲线板依次连接各点，即得相贯线。

4）平面体与曲面体的组合投影

平面体与曲面体相交时，相贯线是由若干段平面曲线或直线所组成。图 3.2.1-22 是平面体与曲面体的组合投影，各段平面曲线或直线，就是平面体上各侧面截割曲面体所得的截交线，每一段平面曲线或直线的转折点，是平面体的侧棱与曲面体表面的交点。

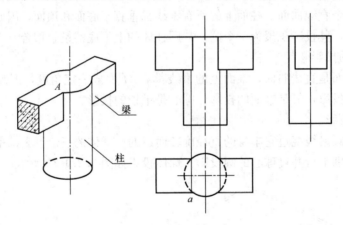

图 3.2.1-22　平面体与曲面体的组合投影图

（5）轴测投影

正投影图的优点是作图简便，能够完整地、正确地表现形体的形状和大小，但是它缺乏立体感，为了获得直观的立体图形，工程上采用轴测投影法绘制图形。

轴测图是假设以平行光线投影，在一个投影面上获得物体三个侧面的形象，使图形具有明显的立体感，其缺点是不能准确地反应物体的真实形状和尺寸大小，也就是存在一定程度的变形。因此在工程图纸中，轴测图一般只作为辅助图样。

1）正轴测图

设一个投影面 P，使 P 同时倾斜于形体的长、宽、高三个向度，然后沿垂直于 P 面的方向 S，将形体连同坐标轴进行投影。所得到的投影图，即为形体的正轴测图。正轴测图根据三个轴向伸缩率之间的不同关系，可分为正等测、正二测和正三测图。

2）斜轴测图

用倾斜于轴测投影面的平行投影线，做出形体有立体感的斜投影，叫做斜轴测图。画斜轴测图与正轴测图一样也要先确定轴间角、轴向伸缩率以及选择轴测类型。斜轴测图如

图 3.2.1-23 所示。

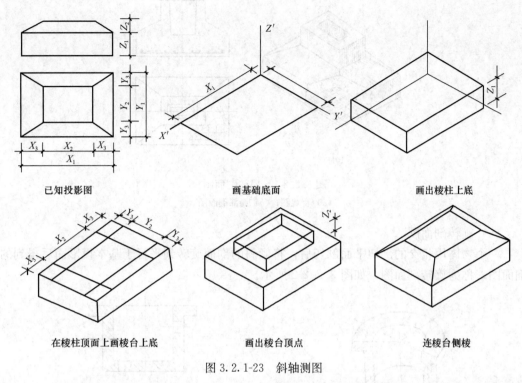

已知投影图　　　　　　　画基础底面　　　　　　　画出棱柱上底

在棱柱顶面上画棱台上底　　　　画出棱台顶点　　　　连棱台侧棱

图 3.2.1-23　斜轴测图

3.2.2　剖面图与断面图

1. 剖面图

剖面图有多种作图法：有全剖面图、半剖面图、局部剖面图、阶梯剖面图和旋转剖面图等。

（1）全剖面图

把物体整个地剖开后所得到的剖面图，称为全剖面图。全剖面图主要用于外形简单而内部构造较复杂且图形不对称的物体。

（2）半剖面图

一个物体的视图和剖面图各占一半的图形，称为半剖面图。当物体具有对称平面时，则沿着该对称平面的方向进行投影，所得到的投影图或剖面图也对称。这样按对称线为界，一半表示物体外形的视图，另一半表示物体内部形状的剖面图，于是形成半剖面图。对称线仍用细点划线表示。

（3）局部剖面图

物体被局部地剖切后得到的剖面图，称为局部剖切图。局部剖面适用于仅有小部分需要用剖切图表示的物体。局部剖面与外形之间用波浪线分界，且波浪线不可与轮廓线重合或为轮廓线的延长线。局部剖面图如图 3.2.2-1 所示。

（4）阶梯剖面图

一个物体用互相平行的几个剖切平面剖切得到的剖面图，称为阶梯剖面图。

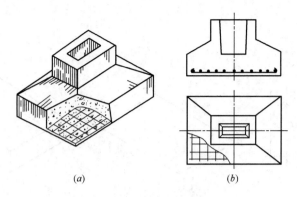

图 3.2.2-1　局部剖面图

(a) 直观图；(b) 局部剖面图

（5）旋转剖面图

一个物体用相交的剖切平面剖切后，将倾斜的剖面旋转到平行于基本投影面后得到的剖面图，称为旋转剖面图，如图 3.2.2-2 所示。

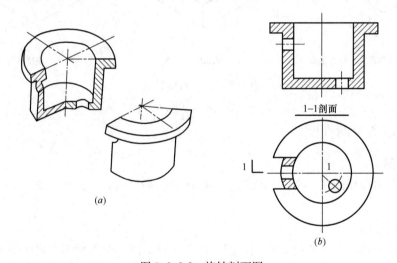

图 3.2.2-2　旋转剖面图

(a) 剖面轴测图；(b) 剖面图画法

在图 3.2.2-2 所示的圆柱体中，因两个圆孔的轴线不位于某个基本投影面的平行平面上，故把剖切平面沿着图 3.2.2-2(b) 所示平面的转折剖切线，转折成两个相交的剖切平面。两剖切平面相交于圆柱的轴线。剖切后，将倾斜剖切平面以轴线为旋转轴，旋转成平行于正投影面的位置，然后画得的剖面图即为旋转剖面图。

2. 断面图

断面图根据布置位置不同可分为移出断面图、重合断面图和中断断面图。

（1）移出断面图

位于投影图以外的断面图，称为移出断面图。

图 3.2.2-3(a) 为一角钢的移出断面图，断面用钢的图测表示。又如图 3.2.2-3(b) 所示，当断面形状对称，且断面的对称中心线位于剖切线的延长线上时，则剖切线可改用

点划线表示，且不必标注断面编号。

（2）重合断面图

重叠在视图之内的断面图，称之为重合断面图，又称折倒断面图。

图 3.2.2-4(*a*) 为一角钢的重合断面图，因图形简单，可不标注投影方向和编号，图 3.2.2-4(*c*) 所示的断面以剖切线位置为对称中心线，故剖切线改用点划线，且不予编号。图 3.2.2-4(*b*) 所示的厂房屋顶平面图上加画一个折倒

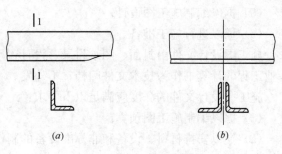

图 3.2.2-3 移出断面图
(*a*) 1-1 断面；(*b*) 断面对称

断面图，比例与平面图一致，用以表示屋面和天窗的形式与坡度。这种断面是假想用一个垂直于屋脊线的剖切平面剖开屋面，然后把截面向右方旋转，使它与平面图重合后得出来的。这种断面的轮廓线较粗，有的带有 45°细斜线，无其他说明。

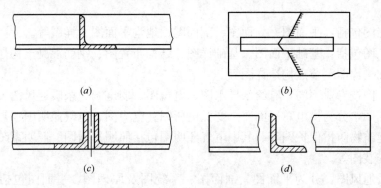

图 3.2.2-4 重合和中断断面图画法

（3）中断断面图

布置在投影图的中断处的断面图，称为中断断面图，如图 3.2.2-4(*d*) 所示的角钢，可假想把角钢中间断开，将断面布置在中断处，这时不必标注剖切线和编号。

3.3 建筑工程图纸

3.3.1 建筑工程设计文件

建筑工程设计文件一般分为初步设计和施工图设计两个设计阶段。大型复杂的建筑工程设计要经过初步设计、施工图设计两个阶段，小型简单建筑工程设计只作施工图设计。

初步设计文件由设计说明书、设计图纸、主要设备、材料表和工程概算书等部分组成。初步设计文件的深度应满足下列要求：

（1）经过比选，确定设计方案。

（2）确定土地征用范围。

（3）据以进行主要设备及材料订货。

（4）确定工程造价，据以控制工程投资。

（5）据以编制施工图设计。

（6）据以进行施工准备。

施工图设计文件由封面、图纸目录、设计说明（或首页）、图纸、预算书等组成。各专业工程的计算书作为技术文件归档，不外发。

施工图设计文件的深度应满足以下要求：

（1）据以编制施工图预算。

（2）据以安排材料、设备和非标准设备的制作。

（3）据以进行施工和安装。

施工图设计应该根据已批准的初步设计文件进行编制。

3.3.2　施工图的组成

施工图分为总平面图、建筑施工图、结构施工图、设备施工图等。

总平面图包括：总平面布置图、竖向设计图、土方工程图、管道综合图、绿化布置图详图等。

建筑施工图包括：平面图、立面图、剖面图、地沟平面图、详图等。

结构施工图包括：基础平面图、基础详图、结构布置图、钢筋混凝土构件详图、钢结构详图、木结构详图、节点构造详图等。

设备施工图按专业不同，有给水排水图、电气图、弱电图、采暖通风图、动力图等。

例如电气图，分为供电总平面图、变配电所图、电力图、电气照明图、自动控制与自动调节图、建筑物防雷保护图等。其中电气照明图包括照明平面图、照明系统图、照明控制图、照明安装图等。

又如采暖通风图，分为平面图、剖面图、系统图及原理图。平面图包括：采暖平面图、通风图、除尘平面图、空调平面图、冷冻机房平面图、空调机房平面图。剖面图包括：通风、除尘和空调剖面图、空调机房剖面图、冷冻机房剖面图。系统图包括：采暖管道系统图、通风空调和除尘管道系统图、空调冷热媒管道系统图。原理图主要有空调系统控制原理图等。

3.3.3　施工图表达内容

施工图包括总平面图、建筑图、结构图、给水排水图、电气图、弱电图、采暖通风图、动力图等。

1. 总平面图

总平面图是将新建房屋及其附近一定范围内的建筑物、构筑物、室外场地、道路和绿化布置的总体情况，用水平投影的方法绘制而成的图样。建筑总平面图简称总平面图或总图。

总平面图的表达方式：用挂图说明总平面图是建筑物及其周围环境的俯视图，其中建筑物用图例符号表示，新建筑物用粗实线表示（层数用圆点或数字表示），原有建筑物用细实线表示，拆除建筑物在原有建筑物图例上画"×"，周围环境的地物、地貌也用图例符号表示。标注尺寸或用坐标为新建筑物定位。

总平面图包括以下内容：

（1）目录

先列新绘制图纸，后列选用的标准图、通用图或重复利用图。

（2）设计说明

一般工程的设计说明，分别写在有关的图纸上。如重复利用某一专门的施工图纸及其说明时，应详细注明其编制单位名称和编制日期。如施工图设计阶段对初步设计改变，应重新计算并列出主要技术经济指标表。

（3）总平面布置图

1）城市坐标网、场地建筑坐标网、坐标值；

2）场地四界的城市坐标和场地建筑坐标；

3）建筑物、构筑物定位的场地建筑坐标、名称、室内标高及层数；

4）拆除旧建筑的范围边界、相邻单位的有关建筑物、构筑物的使用性质，耐火等级及层数；

5）道路、铁路和明沟等的控制点（起点、转折点、终点等）的场地建筑坐标和标高、坡向、平曲线要素等；

6）指北针、风玫瑰；

7）建筑物、构筑物使用编号时，列"建筑物、构筑物名称编号表"；

8）说明：尺寸单位、比例、城市坐标系统和高程系统的名称、城市坐标网与场地建筑坐标网的相互关系、补充图例、设计依据等。

（4）土方工程图

1）地形等高线、原有的主要地形、地物；

2）场地建筑坐标网、坐标值；

3）场地四界的城市坐标和场地建筑坐标；

4）设计的主要建筑物、构筑物；

5）间距为 0.25～1.00m 的设计等高线；

6）20m×20m 或 40m×40m 方格网，各方格点的原地面标高、设计标高、填挖高度、填区和挖区间的分界线、各方格土方量和总土方量；

7）土方工程平衡表；

8）指北针；

9）说明：尺寸单位、比例、补充图例、坐标和高程系统名称、弃土和取土地点、运距、施工要求等。

（5）竖向设计图

1）地形等高线和地物；

2）场地建筑坐标网、坐标值；

3）场地外围的道路、铁路、河渠或地面的关键性标高；

4）建筑物、构筑物的名称（或编号）、室内外设计标高（包括铁路专用线设计标高）；

5）道路、铁路、明沟的起点、变坡点、转折点和终点等的设计标高、纵坡度、纵坡距、纵坡向、平曲线要素、竖曲线半径、关键性坐标。道路注明单面坡或双面坡；

6）挡土墙、护坡或土坎等构筑物的坡顶和坡脚的设计标高；

7）用高距为 0.1～0.5m 的设计等高线表示设计地面起伏状况，或用坡向箭头表明设计地面坡向；

    8）指北针；

    9）说明：尺寸单位、比例、高程系统的名称、补充图例等。

  （6）管道综合图

    1）管道总平面布置；

    2）场地四界的场地建筑坐标；

    3）各管线的平面布置；

    4）场外管线接入点的位置及其城市和场地建筑坐标；

    5）指北针；

    6）说明：尺寸单位、比例、补充图例。

  （7）绿化布置图

    1）绿化总平面布置；

    2）场地四界的场地建筑坐标；

    3）植物种类及名称、行距和株距尺寸、群栽位置范围、各类植物数；

    4）建筑小品和美化设施的位置、设计标高；

    5）指北针；

    6）说明：尺寸单位、比例、图例、施工要求等。

  （8）详图

  道路标准横断面、路面结构、混凝土路面分格、铁路路基标准横断面、小桥涵、挡土墙、护坡、建筑小品等详图。

  （9）计算书

  设计依据、计算公式、简图、计算过程及成果等。计算书作为技术文件归档，不得外发。

  建筑总平面图识图要点：

    1）看房屋朝向。看指北针或风玫瑰确定房屋朝向，看建筑红线确定批地范围。

    2）分清新建筑物、原有建筑物和拆除建筑物。读新夹注物的外包尺寸——总长、总宽。

    3）了解室内外标高及其相互关系以及新建筑物周围地形、地面坡度和排水方向。

    4）了解建筑物的定位尺寸，是尺寸定位还是坐标网式定位。

    5）看与建筑物相关的周围环境图例，如绿化、松墙、树丛、道路等。

    6）看建筑物所在位置对周围居民和建筑物的影响以确定施工的平面布置。

  总平面图图例见表 3.3.3。

总平面图图例 表 3.3.3

序号	名称	图例	备注
1	新建建筑物	8 ▲	（1）需要时，可用▲表示出口，可在图形内右上角用点数或数字表示层数； （2）建筑物外形（一般以±0.00 高度处的外墙定位轴线或外墙面线为准）用粗实线表示。需要时，地面以上的建筑用中粗实线表示，地面以下建筑用细虚线表示

序号	名称	图例	备注
2	原有建筑物	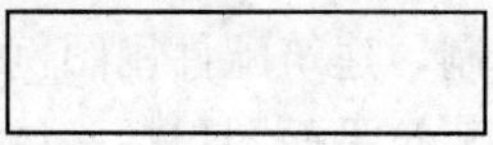	用细实线表示
3	计划扩建的预留地或建筑物		用中粗虚线表示
4	拆除的建筑物	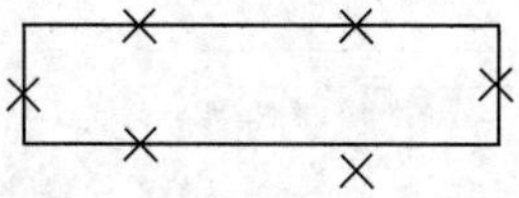	用细实线表示
5	围墙及大门	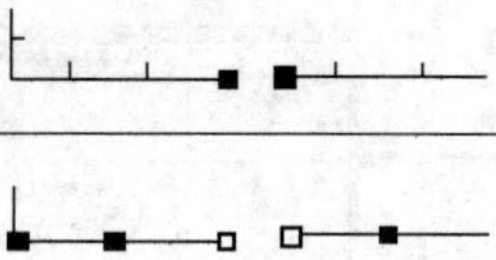	上图为实体性质的围墙，下图为通透性的围墙，若仅表示围墙时不画大门
6	坐标	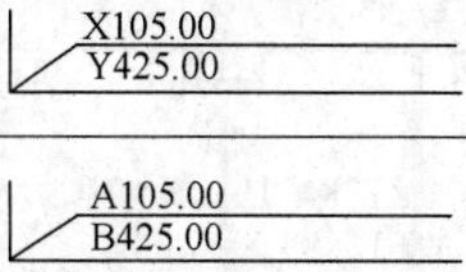 X105.00 Y425.00 A105.00 B425.00	上图表示测量坐标，下图表示建筑坐标
7	室内标高	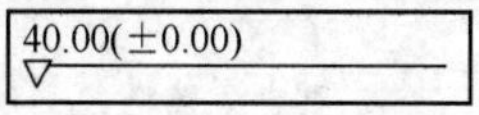 40.00(±0.00)	
8	室外标高	 ● 30.00 ▼30.00	室外标高也可采用等高线表示

2. 建筑图

建筑图包括以下内容：

（1）目录

先列新绘制图纸，后列选用的标准图或重复利用图。

（2）首页

1）设计依据；

2）本项工程设计规模和建筑面积；

3）本项工程的相对标高与总平面图绝对标高的关系；

4）用料说明：室外用料做法可用文字说明或部分用文字说明，部分直接在图上引注或加注索引符号。室内装修部分除用文字说明外，亦可用室内装修表，在表内填写相应的做法或代号；

5）特殊要求的做法说明；

6）采用新材料、新技术的做法说明；

7）门窗表。

（3）平面图

建筑平面图是水平剖视图，即假想用一水平面沿窗台稍高一点的位置将建筑物剖切开，移去剖切平面上面的部分，画出剩余部分的水平投影，将剖切到的实体部分的轮廓用粗实线画出，剖切平面下面部分的轮廓用中实线绘制，建筑配件用图例符号表示，再标注尺寸和装修做法，即得到建筑平面图。一栋楼房的建筑平面图包括一层、顶层和中间层若干张。图 3.3.3-1 即是某房屋的第一层平面图。

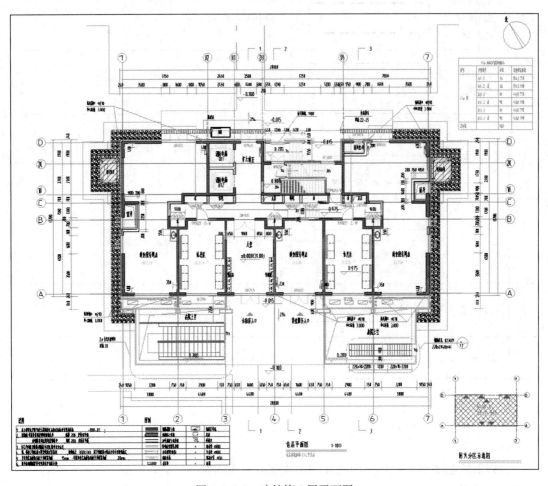

图 3.3.3-1　建筑第 1 层平面图

由图 3.3.3-1 可见，楼层平面图包括：

1）墙、柱、垛、门窗位置及编号、门的开启方向、房间名称或编号、轴线编号等；

2）柱距（开间）、跨度（进深）尺寸、墙体厚度、柱和墩断面尺寸；

3）轴线间尺寸、门窗洞口尺寸、分段尺寸、外包总尺寸；

4）伸缩缝、沉降缝、防震缝等位置及尺寸；

5）卫生器具、水池、台、厨、柜、隔断位置；

6）电梯、楼梯位置及上下方向示意及主要尺寸；

7）地下室、平台、阁楼、人孔、墙上留洞位置尺寸与标高，重要设备位置尺寸与标高等；

8）铁轨位置、轨距和轴线关系尺寸，吊车型号、吨位、跨度、行驶范围，吊车梯位置，天窗位置及范围；

9）阳台、雨篷、踏步、坡道、散水、通风道、管线竖井、烟囱、垃圾道、消防梯、雨水管位置及尺寸；

10）室内外地面标高、设计标高、楼层标高；

11）剖切线及编号（只注在底层平面图上）；

12）有关平面图上节点详图或详图索引号；

13）指北针；

14）根据工程复杂程度，绘出的夹层平面图、高窗平面图、吊顶、留洞等局部放大平面图。

建筑平面图读图内容及要点：

1）看图标，对建筑物概括了解。

2）看指北针或风玫瑰了解建筑物的朝向；看外包尺寸了解建筑物的大小；看定位轴线的数量和轴间距了解房间的开间和进深尺寸；看外墙上门窗尺寸、型号和过梁型号，看窗间墙厚、有无砖垛、外墙厚和定位轴线是偏轴还是对称等了解外墙有关结构；看房屋外面的设施情况，包括散水宽度、雨罩、台阶、花坛等。

3）看房屋内部房间的布局和功能，地坪标高，各楼层的标高，内墙位置、定位及厚度，内墙上门窗的位置、尺寸及型号。

4）看索引符号，结合详图和有关剖面图了解建筑局部和房屋高度方向的结构及尺寸。

5）看与安装工程有关的部位和难点内容，如上下水及电缆的进出位置预留孔、配电箱的预留槽，夹层的位置、尺寸、门窗位置等。

6）讲解平面图的尺寸标注。

7）看门窗编号：和门窗统计表对照，理解其含义。

读图注意事项：

1）每层平面图表达的内容各不相同，如一层表达剖切平面下面的部分，如散水、台阶、花坛等地面设施，二层表达剖切平面和一层之间的外部设施。

2）各层平面图应对照起来看，在施工时需要核对尺寸。

3）屋顶平面图不是剖视图是俯视图，主要表达屋顶上的设施，如出人孔、女儿墙、屋脊、排水坡度、落水管等。

4）平面图中经常使用图例符号和门窗编号，对这些图例和标号要熟悉，对不熟悉的要会查表。

5）注意图中文字说明的含义：如洞口下皮距地面 2600mm，又如窗台挑砖 60mm，上皮标高 2.500m 等。

（4）立面图

建筑立面图是房屋的正立面投影或侧立面投影图。主要表达外形及外部装修做法。平面图有各楼层平面图及屋面平面图。如图 3.3.3-2 所示为别墅的一立面图。

建筑物两端及分段轴线编号；

1）女儿墙顶、屋檐、柱、伸缩缝、沉降缝、防震缝、室外楼梯、消防梯、阳台、栏杆、台阶、雨篷、花台、腰线、勒脚、留洞、门、窗、门头、雨水管、装饰构件、抹灰分格线等；

2）门窗典型示范具体形式与分格；

3）各部分构造、装饰节点详图索引、用料名称或符号。

读图要点如下：

1）看图标，明确立面图的朝向。

2）看标高、楼层数及竖向尺寸。

3）看门窗在立面图上的位置。

4）看落水管的位置。

5）看外墙、门窗、勒脚、檐口等外部装修做法。

注意事项：在读剖面图时，一定要和平面图对照起来读。

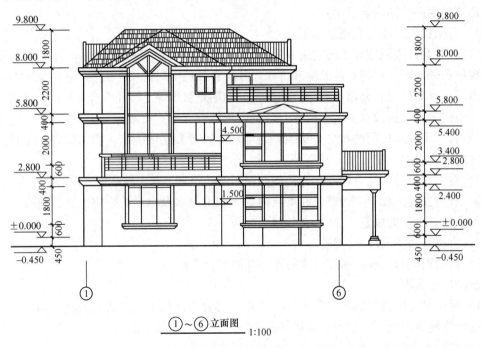

①～⑥立面图
1:100

图 3.3.3-2　建筑立面图

（5）剖面图

建筑剖面图是假想用一个正平面或侧平面将房屋剖切开，画出其剖视图就得到建筑剖面图，如图 3.3.3-3 建筑剖面图所示。比例比较小时不画剖面的材料图例，比例比较大时画出材料图例。

1）墙、柱、轴线、轴线编号；

2）室外地面、底层地面、各层楼板、吊顶、屋架、屋顶各组成层次、出屋面烟囱、天窗、挡风板、消防梯、檐口、女儿墙、门、窗、吊车、吊车梁、走道板、梁、铁轨、楼梯、台阶、坡道、散水、防潮层、平台、阳台、雨篷、留洞、墙裙、踢脚板、雨水管及其他装修等；

3）高度尺寸：门、窗、洞口高度、层间高度、总高度等；

4）标高：底层地面标高，各层楼面及楼梯平台标高，屋面檐口、女儿墙顶、烟囱顶标高，高出屋面的水箱间、楼梯间、电梯机房顶部标高，室外地面标高，底层以下地下各层标高；

5）节点构造详图索引号。

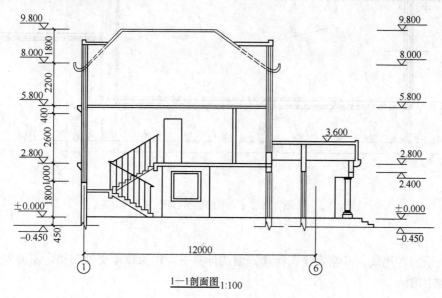

图 3.3.3-3　建筑剖面图

剖面图主要表达建筑物内部的竖向构造，剖切平面的位置不同，其剖面图也不同，因此读图时特别注意对照平面图，先找到剖切位置，明确投影方向。读图要点：

1）看剖面图图标或剖面图的名称，在平面图中根据索引符号找到相应的剖切位置和投影方向。

2）看各层标高、门、窗、楼梯休息板及各内部设施的标高和竖向尺寸，看过梁、圈梁的位置。

3）看屋面坡度、门头、雨罩、檐口等的标高。

4）结合材料做法表或工程做法看内部各部分结构的装修做法。

5）注意建筑标高和结构标高的区别，建筑标高指装修后的标高，结构标高指装修前的标高。

6）地沟图供水、暖、电、气管线布置的地沟，如比较简单，内容较少，不致影响建筑平面图的清晰程度时，可附在建筑平面图上，复杂地沟另绘地沟图。地沟图包括地沟平面图及地沟详图。地沟平面图内容有：地沟平面位置、地沟与相邻墙体、柱等相距尺寸。地沟详图内容有：地沟构造做法、沟体平面净宽度、沟底标高、沟底坡向、地沟盖板及过梁明细表、节点索引号等。

（6）详图

把需要详细表达的建筑局部用较大比例画出，称为建筑详图。一般比例多采用1：5、1：10、1：20，如外墙详图、楼梯详图等。当上列图纸对有些局部构造、艺术装饰处理等未能清楚表示时，则绘制详图。详图中应构造合理、用料做法相宜，位置尺寸准确。详图编号应与详图索引号一致，某阳台建筑详图如图3.3.3-4所示。

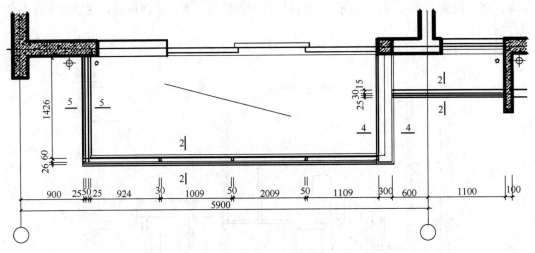

图 3.3.3-4 阳台建筑详图

（7）计算书

有关采光、视线、音响等建筑物理方面的计算书，作为技术文件归档，不外发。

3. 结构图

结构图包括以下内容：

（1）目录

先列新绘制图纸，后列选用标准图或重复利用图。

（2）首页（设计说明）

1）所选用结构材料的品种、规格、型号、强度等级等，某些构件的特殊要求；

2）地基土概况，对不良地基的处理措施和基础施工要求；

3）所采用的标准构件图集；

4）施工注意事项：如施工缝的设置，特殊构件的拆模时间、运输、安装要求等。

（3）基础平面图

基础平面图是假想在地面与基础之间用一个水平面剖切，移去上面部分，将下面部分去掉泥土后作水平投影，所得剖视图。因此被剖切到的基础墙用粗实线表示断面，下面的垫层（即基础槽）用细线表示。如图 3.3.3-5 即是某条形基础的基础平面图。基础平面图包含：

1）承重墙位置、柱网布置、基坑平面尺寸及标高，纵横轴线关系、基础和基础梁布置及编号、基础平面尺寸及标高；

2）基础的预留孔洞位置、尺寸、标高；

3）桩基的桩位平面布置及桩承台平面尺寸；

4）有关的连接节点详图；

5）说明：如基础埋置在地基土中的位置及地基土处理措施等。

（4）基础详图

基础详图是用垂直于定位轴线的平面将基础墙剖切开所得的剖面图，基础详图一般采用较大比例绘制。如图 3.3.3-6 是某条形基础的基础详图。

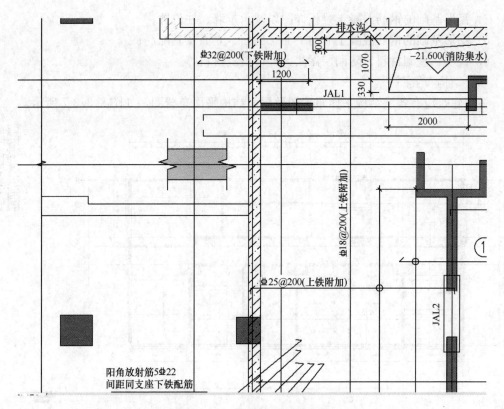

图 3.3.3-5 某基础的基础平面图

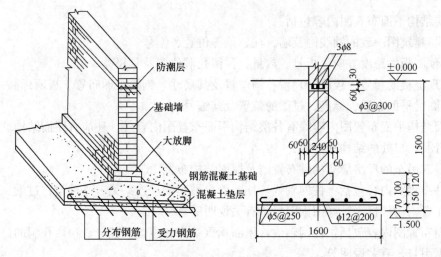

图 3.3.3-6 基础详图

基础详图主要表达内容有：

1) 条形基础的剖面（包括配筋、防潮层、地图梁、垫层等）、基础各部分尺寸、标高及轴线关系；

2) 独立基础的平面及剖面（包括配筋、基础梁等）、基础的标高、尺寸及轴线关系；

3) 桩基的承台梁或承台板钢筋混凝土结构、桩基位置、桩详图、桩插入承台的构造等；

　　4）筏形基础的钢筋混凝土梁板详图以及承重墙、柱位置；

　　5）箱形基础的钢筋混凝土墙的平面、剖面、立面及其配筋；

　　6）说明：基础材料、防潮层做法、杯口填缝材料等。

（5）结构布置图

多层建筑应有各层结构平面布置图及屋面结构平面布置图，如图 3.3.3-7 所示。

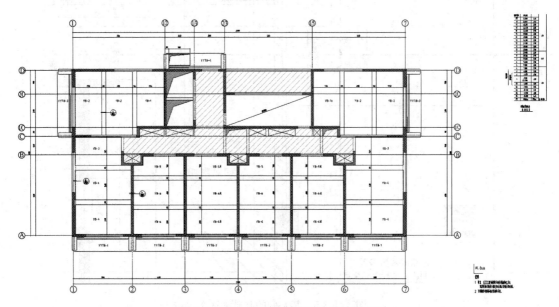

图 3.3.3-7　某建筑二层结构布置平面图

各层结构平面布置图内容包括：

　　1）与建筑图一致的轴线网及墙、柱、梁等位置、编号；

　　2）预制板的跨度方向、板号、数量、预留孔洞位置及其尺寸；

　　3）现浇板的板号、板厚、预留孔洞位置及其尺寸，钢筋平面布置、板面标高；

　　4）圈梁平面布置、标高、过梁的位置及其编号。

屋面结构平面布置图内容除有各层结构平面布置图内容外，还应有屋面结构坡比、坡向、屋脊及檐口处的结构标高等。

单层有吊车的厂房应有构件布置图及屋面结构布置图。

构件布置图内容包括：柱网轴线，柱、墙、吊车梁、连系梁、基础梁、过梁、柱间支撑等的布置，构件标高，详图索引号，有关说明等。

屋面布置图内容包括：柱网轴线，屋面承重结构的位置及编号、预留孔洞的位置、节点详图索引号、有关说明等。

（6）钢筋混凝土构件详图

钢筋混凝土构件详图如图 3.3.3-8 所示。

　　1）现浇构件详图内容包括：纵剖面、横剖面、留洞、预埋件的位置尺寸和说明。

　　2）预制构件详图内容包括：复杂构件的模板图、配筋图、钢筋尺寸和说明。

　　3）节点构造详图

预制框架或装配整体框架的连接部分、楼层构件或柱与墙的锚接等，均应有节点构造

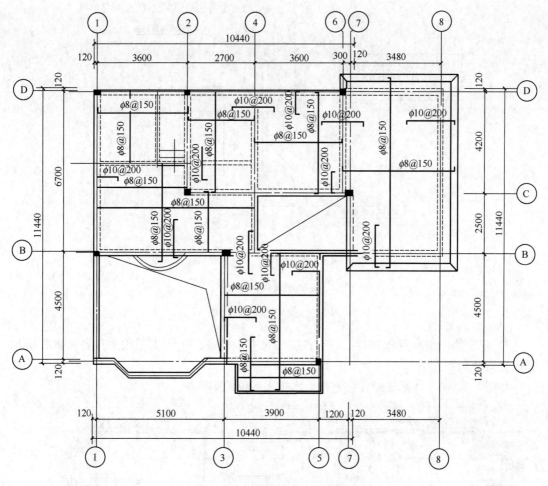

图 3.3.3-8　钢筋混凝土构件详图

详图。某节点构造详图如图 3.3.3-9 所示。

节点构造详图应有平面、剖面，按节点构造表示出连接材料、附加钢筋、预埋件的规格、型号、数量、连接方法以及相关尺寸、与轴线关系等。

4. 室内给水排水图

室内给水排水图包括以下内容：

（1）目录

先列新绘制图纸，后列选用的标准图或重复利用图。

（2）设计说明

设计说明分别写在有关的图纸上。

（3）平面图

1）底层及标准层主要轴线编号、用水点位置及编号、给水排水管道平面布置、立管位置及编号、底层给水排水管道进出口与轴线位置尺寸和标高；

2）热交换器站、开水间、卫生间、给水排水设备及管道较多的地方，应有局部放大平面图；

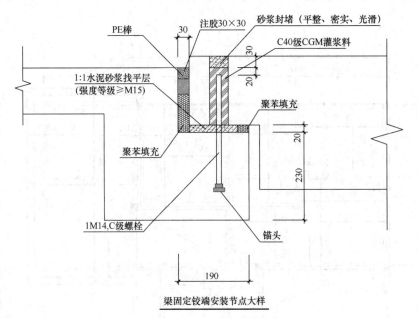

梁固定铰端安装节点大样

图 3.3.3-9　节点构造详图

3）建筑物内用水点较多时，应有各层平面卫生设备、生产工艺用水设备位置和给水排水管道平面布置图。

如图 3.3.3-10 是某装配式住宅楼给水排水系统的平面图。

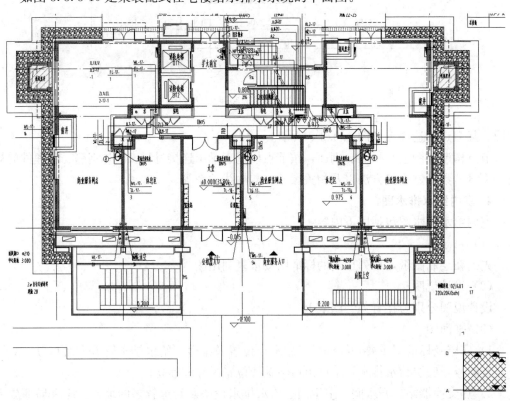

图 3.3.3-10　某建筑一层给水排水平面图

（4）系统图

各种管道系统图应表明管道走向、管径、坡度、管长、进出口、起点、末点，标高、各系统编号、各楼层卫生设备和工艺用水设备的连接点位置和标高。在系统图上需注明室内外标高差及相当于室内底层地面的绝对标高。

（5）局部设施

当建筑物内有提升、调节或小型局部给水排水处理设施时，应有其平面、剖面及详图，或注明引用的详图、标准图等。

（6）详图

凡管道附件、设备、仪表及特殊配件需要加工又无标准图可以利用时，应有相应的详图。

5. 电气照明图

电气照明图包括以下内容：

（1）照明平面图

1）配电箱、灯具、开关、插座、线路等平面布置；

2）线路走向、引入线规格；

3）说明：电源电压、引入方式，导线选型和敷设方式，照明器具安装高度，接地或接零；

4）照明器具、材料表。

如图3.3.3-11是某装配式居民楼的照明平面图。

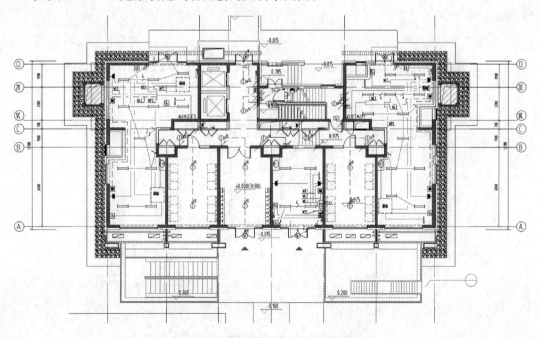

图 3.3.3-11 某建筑物二层照明平面图

（2）照明系统图（简单工程不出图）

配电箱、开关、熔断器、导线型号规格、保护管管径和敷设方法、照明器具名称等。照明控制图包括照明控制原理图和特殊照明装置图。

（3）照明安装图

包括照明器具及线路安装图（尽量选用标准图）。

6. 采暖通风图

采暖通风图包括以下内容：

（1）目录

先列新绘制图纸，后列选用的标准图或重复利用图。

（2）首页（设计说明）

1）采暖总耗热量及空调冷热负荷、耗热、耗电、耗水等指标；

2）热媒参数及系统总阻力、散热器型号；

3）空调室内外参数、精度；

4）制冷设计参数；

5）空气洁净室的净化级别；

6）隔热、防腐、材料选用等；

7）图例、设备汇总表。

（3）平面图

平面图有采暖平面图，通风、除尘平面图，空调平面图，冷冻机房平面图，空调机房平面图等。

采暖平面图主要内容包括：采暖管道、散热器和其他采暖设备、采暖部件的平面布置，标注散热器数量、干管管径、设备型号规格等。某装配式住宅楼平面图如图 3.3.3-12 所示。

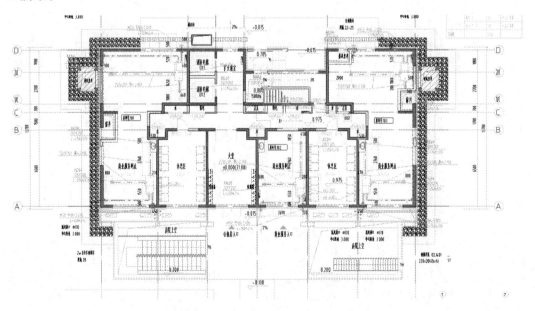

图 3.3.3-12 某住宅采暖平面图

通风、除尘平面图主要内容包括：管道、阀门、风口等平面布置，标注风管及风口尺寸、各种设备的定位尺寸、设备部件的名称规格等。

空调平面图主要内容除包括通风除尘平面图内容外，还增加标注各房间基准温度和精度要求、精调电加热器的位置及型号、消音器的位置及尺寸等。

冷冻机房平面图主要内容包括：制冷设备的位置及基础尺寸、冷媒循环管道与冷却水的走向及排水沟的位置、管道的阀门等。

空调机房平面图主要内容包括：风管、给水排水及冷热媒管道、阀门、消音器等平面位置，标注管径、断面尺寸、管道及各种设备的定位尺寸等。

（4）剖面图

剖面图有通风、除尘和空调剖面图；空调机房、冷冻机房剖面图。通风、除尘和空调剖面图主要内容包括：对应于平面图的管道、设备、零部件的位置。标注管径、截面尺寸、标高，进排风口型式、尺寸及标高、空气流向、设备中心标高、风管出屋面的高度、风帽标高、拉索固定等。某空调通风机房剖面图如图 3.3.3-13 所示。

空调机房、冷冻机房剖面图主要内容包括：通风机、电动机、加热器、冷却器、消音器、风口及各种阀门部件的竖向位置及尺寸，制冷设备的竖向位置及尺寸。标注设备中心、基础表面、水池、水面线及管道标高、汽水管的坡度及坡向。

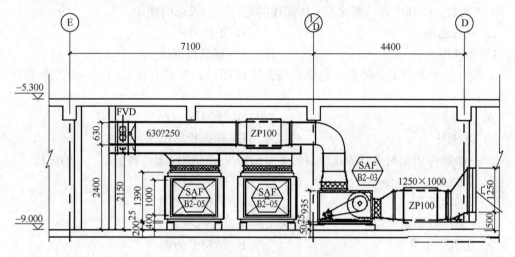

图 3.3.3-13　某空调通风机房剖面图

（5）系统图

系统图有采暖管道系统图、通风空调和除尘管道系统图、空调冷热媒管道系统图。

系统图中应标注管道的管径、坡度、坡向及有关标高，各种阀门、减压器、加热器、冷却器、测量孔、检查口、风口、风帽等各种部件的位置。

（6）原理图

空调系统控制原理图内容有：

1）整个空调系统控制点与测点的联系、控制方案及控制点参数；

2）空调和控制系统的所有设备轮廓、空气处理过程的走向；

3）仪表及控制元件型号。

（7）计算书

有关采暖、通风、除尘、空调、制冷和净化等各种设备的选择计算等，作为技术文件归档，不外发。

课 后 习 题

一、单项选择题

1. 电气施工图属于(　　)工程图纸。

A. 建筑施工图　　　　　　　　　　　B. 结构施工图

C. 设备施工图　　　　　　　　　　　D. 结构详图

2. 光源固定,投影的大小随形体距光源的距离不同而不同,属于(　　)。

A. 正投影　　　　　　　　　　　　　B. 平行投影

C. 固定投影　　　　　　　　　　　　D. 中心投影

3. 能反映形体的真实形状和大小,度量性好,作图简便。以上内容所描述的是(　　)投影的特点。

A. 正投影图　　　　　　　　　　　　B. 轴测图

C. 透视图　　　　　　　　　　　　　D. 标高投影图

4. "长对正,高平齐,宽相等"所描述的是(　　)投影的规律。

A. 侧投影图　　　　　　　　　　　　B. 正投影图

C. 透视图　　　　　　　　　　　　　D. 标高投影图

5. 为了突出形体的立体感,获得直观的立体图形,工程上将采用(　　)绘制图形的方法。

A. 正投影图　　　　　　　　　　　　B. 轴测图

C. 透视图　　　　　　　　　　　　　D. 标高投影图

6. 一个物体用互相平行的几个剖切平面剖切得到的剖面图,属于(　　)的做法。

A. 全剖面图　　　　　　　　　　　　B. 半剖面图

C. 局部剖面图　　　　　　　　　　　D. 阶梯剖面图

7. 土方工程图属于以下(　　)图纸类型所涵盖的内容。

A. 建筑平面图　　　　　　　　　　　B. 结构平面图

C. 总平面图　　　　　　　　　　　　D. 施工详图

8. "［＿＿＿＿8＿＿＿＿］"所表示的是总平面图中的(　　)。

A. 新建建筑物　　　　　　　　　　　B. 原有建筑物

C. 计划扩建的预留地　　　　　　　　D. 拆除的建筑物

二、多项选择题

1. 平面图表达立体外形和尺寸时所采用的三视图的方法包括(　　)。

A. 正视图　　　　　　　　　　　　　B. 侧视图

C. 俯视图　　　　　　　　　　　　　D. 仰视图

2. 建筑工程图纸分为(　　)。

A. 平面图　　　　　　　　　　　　　B. 立面图

C. 剖面图　　　　　　　　　　　　　D. 建筑详图

E. 结构施工图

3. 以下(　　)内容属于建筑施工图。

A. 板配筋图   B. 建筑平面图

C. 建筑立面图   D. 建筑剖面图

E. 建筑总平面图

4. 常见的工程图纸图例有( )。

A. 标题栏和会签栏   B. 图纸说明

C. 定位轴线和编号   D. 索引符号

E. 比例尺

5. 投影的形成包含的三要素是( )。

A. 投影线   B. 定位线

C. 形体   D. 投影面

E. 尺寸标注

6. 土建工程中常用的投影图包括( )。

A. 正投影图   B. 侧投影图

C. 透视图   D. 标高投影图

E. 轴测图

7. 工程中常见的曲面体通常有( )。

A. 柱体   B. 圆锥体

C. 异形体   D. 球体

8. 剖面图包含的作图方法有( )。

A. 全剖面图   B. 半剖面图

C. 局部剖面图   D. 阶梯剖面图

E. 旋转剖面图

9. 断面图根据布置位置不同可分为( )。

A. 单一断面图   B. 移出断面图

C. 重合断面图   D. 垂直断面图

E. 中断断面图

参考答案

一、单项选择题

1. C   2. D   3. A   4. B   5. B   6. D   7. C   8. A

二、多项选择题

1. ABC   2. ABCDE   3. BCDE   4. ABDE   5. ACD   6. ACDE

7. ABD   8. ABCDE   9. BCE

第 4 章　装配式构件 Revit 族设计

本章导读：

　　Autodesk Revit 中的所有图元都是基于族的。"族"是 Revit 中使用的一个功能强大的概念，有助于工程师更轻松地管理数据和进行修改。每个族图元能够在其内定义多种类型，根据族创建者的设计，每种类型可以具有不同的尺寸、形状、材质设置或其他参数变量。本章主要从族的概念、族编辑器的介绍及族的创建和修改的操作几个方面，对族进行统一的讲解。

4.1 族基本概念

族是一个包含通用属性（称做参数）集和相关图形表示的图元组。属于一个族的不同图元的部分或全部参数可能有不同的值，但是参数（其名称与含义）的集合是相同的。族中的这些变体称做族类型或类型。Revit 中的 3 种类型的族有：系统族、可载入族和内建族。

在项目中创建的大多数图元都是系统族或可装载的族。可以组合可装载的族来创建嵌套和共享族。非标准图元或自定义图元是使用内建族创建的。

1. 系统族

系统族可以创建要在建筑现场装配的基本图元，例如：墙、屋顶、楼板、风管、管道。能够影响项目环境且包含标高、轴网、图纸和视口类型的系统设置也是系统族。系统族是在 Revit 中预定义的。不能将其从外部文件中载入到项目中，也不能将其保存到项目之外的位置。

2. 可载入族

可载入族是用于创建下列构件的族：

（1）通常购买、提供并安装在建筑内和建筑周围的建筑构件，例如窗、门、橱柜、装置、家具和植物。

（2）通常购买、提供并安装在建筑内和建筑周围的系统构件，例如锅炉、热水器、空气处理设备和卫浴装置。

（3）常规自定义的一些注释图元，例如符号和标题栏。

由于它们具有高度可自定义的特征，因此可载入的族是在 Revit 中最经常创建和修改的族。与系统族不同，可载入的族是在外部 RFA 文件中创建的，并可导入或载入到项目中。对于包含许多类型的可载入族，可以创建和使用类型目录，以便仅载入项目所需的类型。

3. 内建族

内建族是需要创建当前项目专有的独特构件时所创建的独特图元。您可以创建内建几何图形，以便它可参照其他项目几何图形，使其在所参照的几何图形发生变化时进行相应大小调整和其他调整。创建内建图元时，Revit 将为该内建图元创建一个族，该族包含单个族类型。创建内建图元涉及许多与创建可载入族相同的族编辑器工具。

4.2 族编辑器

4.2.1 应用程序菜单列表

应用程序菜单列表：包括"新建""打开""保存""另存为""打印""退出 Revit"等均可以在此菜单下执行（图 4.2.1-1）。在应用程序菜单中，可以单击各菜单右侧的箭头查看每个菜单项的展开选择项，然后再单击列表中各选项执行相应的操作。

　　特别需要注意的是：右下角 选项 按钮，打开"选项"对话框（图 4.2.1-2），以下对比较常用的几个选项进行简单介绍：

图 4.2.1-1　应用程序菜单列表　　　　图 4.2.1-2　"选项"对话框

　　常规：用户对相关通知（保存提醒间隔、与中心文件同步提醒间隔）、用户名、日志清理等进行设置。

　　用户界面：用户可根据自己的工作需要自定义出现在功能区域的选项卡命令，并自定义快捷键、双击选项等。

　　图形：对 Revit 界面图形模式显示进行设置（如界面绘图区域背景颜色调整方式为"图形→颜色→背景"，选择习惯的背景颜色）。

　　文件位置：项目样板文件路径、族样板文件路径、族库路径、用户文件存储路径等的设置，当用户在运行软件时提示找不到样板文件所在时，就要检查一下各个文件位置是否尚未设置正确。

　　TIPS：一般的，项目样板文件存储路径为 C：\ProgramData \Autodesk \RVT 2016 \ Templates \China；族样板文件存储路径为 C：\ProgramData \Autodesk \RVT 2016 \ Family Templates \Chinese；族库存储路径为 C： \ProgramData \Autodesk \RVT 2016 \ Libraries \China。

4.2.2　功能区

　　功能区提供了在创建族时所需要的全部工具。在创建项目文件时，功能区显示如图 4.2.2-1 所示。功能区主要由选项卡、工具面板和工具组成，图 4.2.2-1 展示的只是"创建"区域内容。

图 4.2.2-1　功能区选项卡示意

鼠标左键单击任意选项卡将会展开对应工具面板，继续单击工具可以执行相应的命令，进入绘制或编辑状态（如：按照创建→拉伸，则会进入拉伸工具界面，如图4.2.2-2所示），则用户可以开始选择工具进行绘制图形操作，并且功能区的空白区会高亮显示，直到完成族的编辑。

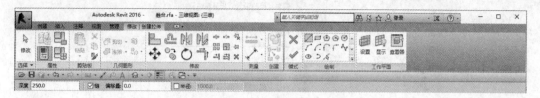

图 4.2.2-2　创建拉伸修改选项卡

4.2.3　快速访问工具栏

快速访问工具栏：用于执行经常使用的命令。默认情况下快速访问栏包含下列项目，如图4.2.3-1所示。

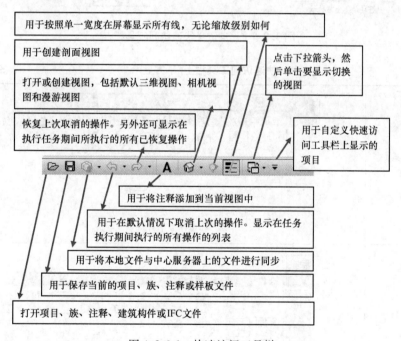

图 4.2.3-1　快速访问工具栏

可以根据需要自定义快速访问栏中的工具内容，根据自己的需要重新排列顺序。单击"自定义快速访问工具栏"下拉菜单，在列表中选择"自定义快速访问栏"选项，将弹出"自定义快速访问工具栏"对话框，如图4.2.3-2所示。使用该对话框，可以重新排列快速访问栏中的工具显示顺序，并根据需要添加分隔线。勾选该对话框中的"在功能区下方显示快速访问工具栏"选项也可以修改快速访问栏的位置（勾选前后对比见表4.2.3）。

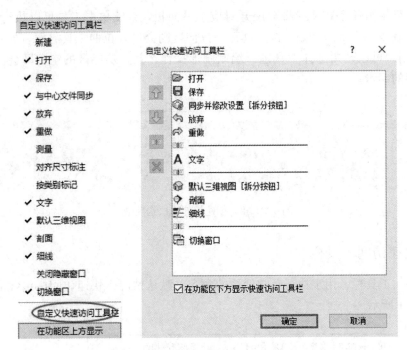

图 4.2.3-2　自定义快速访问工具栏

快速访问工具栏上/下方显示　　　　　　　　　　　　　　　　表 4.2.3

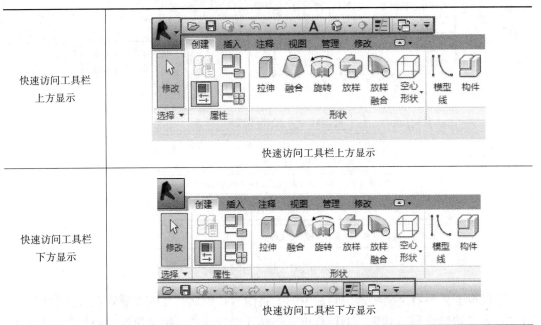

快速访问工具栏 上方显示	快速访问工具栏上方显示
快速访问工具栏 下方显示	快速访问工具栏下方显示

4.2.4　选项栏

选项栏：用于当前操作的细节设置，如：链、深度、半径、偏移等（图 4.2.4-1）。选项卡的出现依赖于当前命令，所以与上下文选项卡同时出现、同时退出，当选择上下文选项卡中不同的操作命令的时候，选项栏的内容会因命令不同而有所不同（图4.2.4-2），根据用户需要进行参数设置。

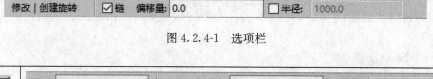

图 4.2.4-1 选项栏

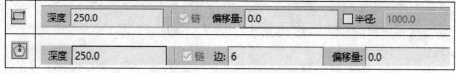

图 4.2.4-2 选项栏状态示意

4.2.5 属性面板

TIPS：打开 Revit 属性栏的方法：

（1）在绘图区任意位置单击右键，选择属性；

（2）快捷键 Ctrl+1；

（3）在选项卡中，修改，然后单击属性；

（4）快捷键 PP。

"族"的属性面板跟族参数、族类型的设置有着密不可分的联系，为"族"选定族类别并且添加族参数之后，会在属性栏发生相应的变化，如图4.2.5-1所示。

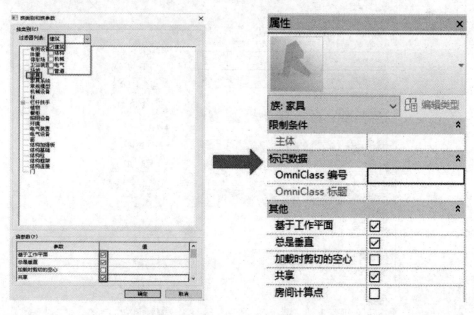

图 4.2.5-1 族类别和族参数对族属性的影响

关于族类型：点击属性功能区按钮 （族类型），允许用户为目前编辑的族类型添加参数值或者在族中创建新的类型。另外，在一个族中，可以创建多种族类型，其中每种类型均表示族中不同的大小或变化。使用"族类型"工具可以指定用于定义族类型之间差异的参数。

　　如图 4.2.5-2 所示，将新建族类型"推拉门 900mm×2000mm"、添加材质、尺寸标注等参数，最终生成如图 4.2.5-3 所示的含参数的族类型，点击应用、确定，即可。

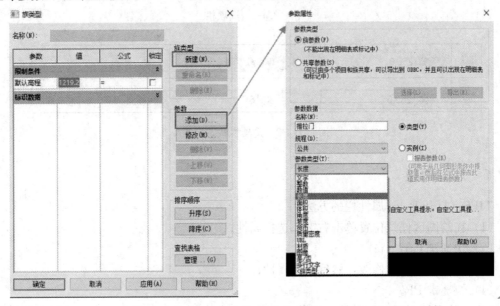

图 4.2.5-2　族类型编辑

图 4.2.5-3　族类型

4.3 族的创建

创建族的常用方式是创建实体模型和空心模型，下面将分别介绍各个建模命令使用方法。

TIPS：当鼠标悬停于工具标识上不进行点击操作时，Revit 会自动播放软件系统自带教程动画，轻松将操作过程掌握，如图 4.3-1 所示为实心拉伸的教程。

启动 Revit，并新建基于公制常规模型的族，选择"创建"选项卡，工具面板如图 4.3-2 所示，工作平面默认为参照标高。

1. 拉伸

通过绘制一个封闭的拉伸端面并给一个拉伸高度进行建模，创建一个实心形状。以

实心拉伸

用于通过拉伸二维形状（轮廓）来创建三维实心形状。

绘制二维形状时，可将该形状用作在起点与端点之间拉伸的三维形状的基础。

按 F1 键获得更多帮助

图 4.3-1　工具介绍窗口

图 4.3-2　创建选项卡

创建含有长、宽、高参数属性的立方体为例，介绍拉伸使用方法，步骤如下：

（1）在绘图区域绘制四个两两正交的参照平面（快捷键 RP），并在参照平面上标注尺寸（快捷键 DI）并标签参数，如图 4.3-3 所示。

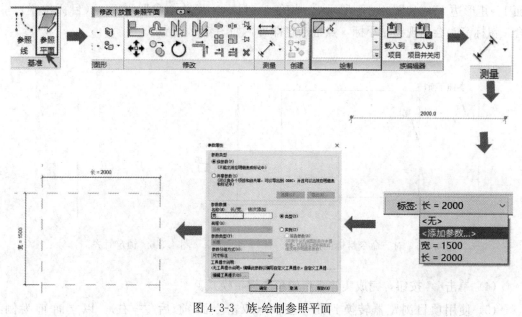

图 4.3-3　族-绘制参照平面

TIPS：参照平面、参照线是创建族的过程中常用的辅助工具，可以把它想象成小学时期处理几何问题时的辅助线，在绘图界面默认以绿色细虚线呈现。

（2）依次单击功能区中"创建→拉伸→绘制→矩形"（图 4.3-4），在绘图区域绘制矩形，按"Esc"键退出。

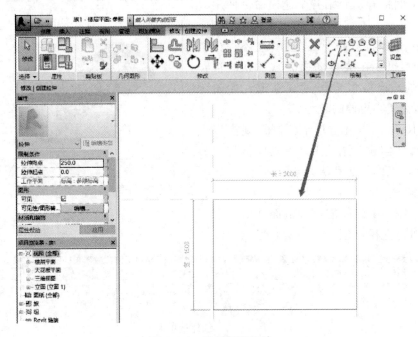

图 4.3-4　绘制矩形拉伸

（3）使用"对齐"（AL）命令，将矩形四条边与四个参照平面对齐并上锁。

TIPS：执行对齐命令时，应当先选择目标位置，再选择目标（即"AL 命令→参照平面 1→矩形边 1"，如图 4.3-5 所示），当宽 1（目标）成功与参照平面 1（目标位置）重合，鼠标箭头会出现锁状小标，点击锁定即可，如图 4.3-6 所示。

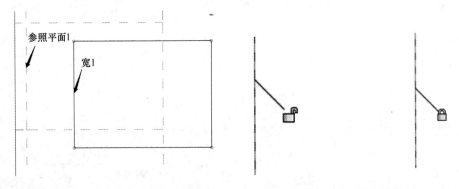

图 4.3-5　对齐命令目标的选择　　　　　　　图 4.3-6　锁定对齐

（4）单击 ✔ 按钮，完成实体矩形的草图编辑模式。

（5）使用项目浏览器转换到任意立面（双击立面-前/后/左/右），以立面-前为例：

"项目浏览器→立面→前→绘制参照平面→对齐、锁定→尺寸标注→添加标签参数（高＝750）"，如图 4.3-7 所示。

通过此方式则可编辑一个含有可变参数的立方体，在族类别中就可以修改长、宽、高为任意数值了。

（6）另存为/保存，首次保存族文件需设置保存位置及其他，可以直接点击保存按钮 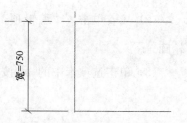，也可以点击 Revit 开始菜单按钮 ，选择保存/另存为，将文件名、选项-文件保存选项等设置好，确定好保存至用户路径，如图 4.3-8 所示。

图 4.3-7 尺寸标注

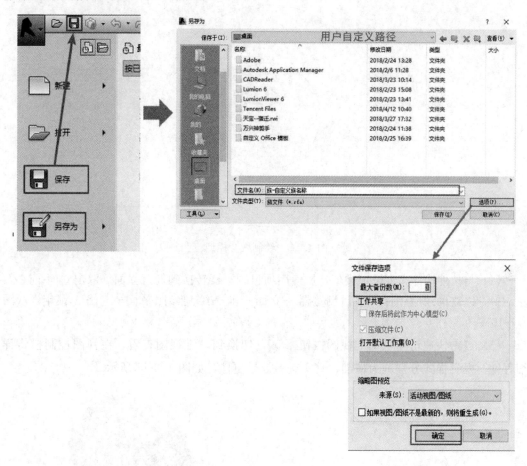

图 4.3-8 保存族文件

2. 融合

融合两个平面的轮廓创建实心形状，两个平面不在同一标高，通过融合命令连接成实心模型，以创建圆台为例，掌握融合绘制方法。

（1）依次单击功能区中"创建→形状→融合"，首先进入"创建融合底部边界"模式，在绘制工具面板有各种绘制工具，选择合适的工具可以大大提高工作效率，选择圆形工具 绘制一个圆形底部轮廓。

（2）接着单击 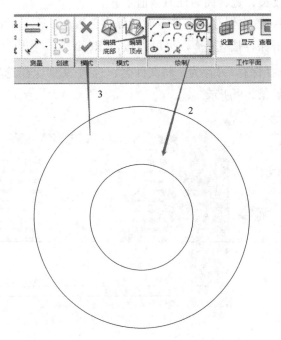 "编辑顶部"，则切换到顶部融合面的绘制，绘制另一个圆形顶部轮廓。

（3）单击选项卡中的 ✓ 按钮，完成融合建模（图 4.3-9）。

图 4.3-9　绘制融合模型

（4）与拉伸构件高度设定类似，用使用项目浏览器转换到任意立面（双击立面-前/后/左/右），以立面-前为例："项目浏览器→立面→前→绘制参照平面→对齐、锁定"（图 4.3-10）。

（5）点击快速访问栏三维视图按钮 ⌂ ▾，切换到三维视图查看，在视图控制栏将详细程度、视觉样式分别调为精细、真实查看效果更佳，如图 4.3-11 所示。

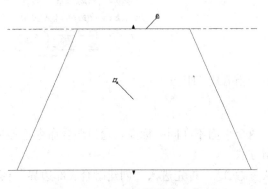

图 4.3-10　立面上锁定构建高度

图 4.3-11　三维视图中的融合模型

（6）另存为/保存。

TIPS：在使用融合建模的过程中可能会遇到融合效果不理想的情况，可通过增减数个融合面的顶点数量来控制融合的效果，具体操作请参考 Revit 族帮助，在此不展开详述。

3. 旋转

旋转命令通过绕旋转轴放样二维轮廓创建实心三维模型，并且二维轮廓的线条必须在闭合的环内，否则无法完成旋转，如果草图轮廓非闭合，则会在右下角弹出错误提示，如图 4.3-12 所示，点击继续则可以对高亮显示处的轮廓线进行修改。具体操作如下：

Autodesk Revit 2016

错误 - 不能忽略

线必须在闭合的环内。高亮显示的线有一端是开放的。

显示(S)　　更多信息(I)　　展开(E) >>

退出绘制模式　　　　　　　　　继续

图 4.3-12　线未闭合提示

（1）依次单击"创建→形状→旋转"，默认先绘制"边界线"，可绘制任意闭合形状，选择绘制面板中的工具绘制一个闭合轮廓。

（2）继步骤（1）之后，选择的"边界线"按钮下方"轴线"按钮，执行轴线的绘制或拾取。

（3）单击 ✓ 按钮，完成旋转。

（4）另外，用户可以对已有的旋转实体进行属性编辑，可自定义旋转角度。应先选中已完成旋转命令的模型，在属性对话栏，对其角度进行编辑，如图 4.3-13 所示。

（5）另存为/保存。

4. 放样

用于创建需绘制或应用轮廓且沿路径拉伸该轮廓的族的建模，具体操作如下：

（1）在执行放样命令前，需在"参照标高"工作平面上绘制一条参照线（在放样界面无法直接选取系统参照平面，所以要借助于参照线，放样创建成功之后可删除）。实线为参照线，虚线为参照平面，如图 4.3-14 所示。

（2）依次单击"创建→形状→放样"，进入放样绘制界面，如图 4.3-15 所示，执行放样命令"绘制路径"和"拾取路径"两种路径选择方式。以拾取路径为例进行解释：单击"拾取路径"，拾取步骤（1）绘制的参照线，单击 ✓ 按钮完成拾取。

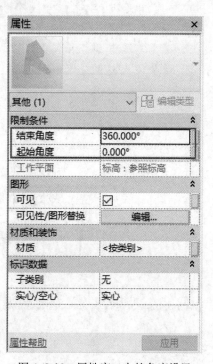

图 4.3-13　属性窗口中的角度设置

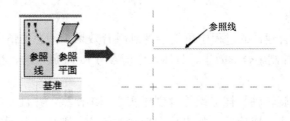

图 4.3-14　绘制参照线

图 4.3-15　选择拾取路径

（3）单击"编辑轮廓"，在弹出的"转到视图"对话框中选择"立面：右"，单击"打开视图"并在右立面上绘出封闭轮廓，单击 ✔ 按钮，完成轮廓绘制。

（4）轮廓界面绘制完成后，再次点击 ✔ 按钮，完成建模。

（5）另存为/保存。步骤演示如图 4.3-16 所示。

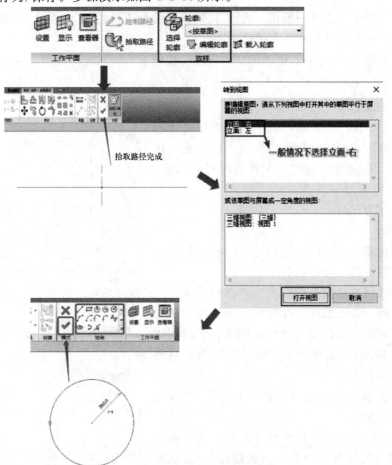

图 4.3-16　放样的路径拾取与轮廓绘制

5. 放样融合

便于创建具有两个不同轮廓的融合实体，放样融合实体由两个轮廓形状通过指定路径来确定。创建方法与放样相似，分别创建轮廓 1、轮廓 2，最终完成放样融合，如图 4.3-17 所示。

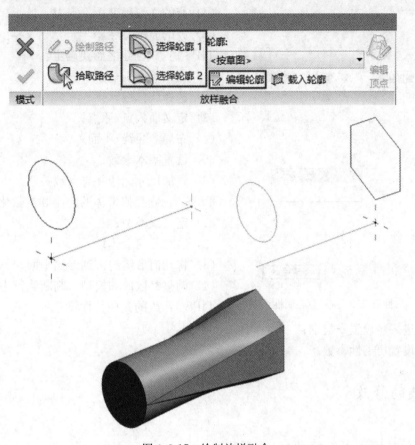

图 4.3-17　绘制放样融合

6. 空心形状

创建方法有两种，一是与上述五种实心创建方法一样，如图 4.3-18 所示，选择创建空心拉伸/空心融合/空心旋转/空心放样/空心放样融合。

二是实心创建与空心创建之间可以相互转换，可以将已绘制好的实心模型转化为空心：选中实心模型→属性对话框→实体转变成空心（图 4.3-19），即可创建为空心模型。

TIPS1：有一个创建族的清晰思路是建好族的前提，构思的时候必须考虑清楚族的创建构思和实现手段，在前期构思中，着重考虑以下五点：

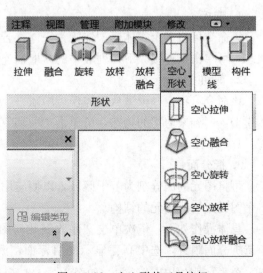

图 4.3-18　空心形状工具按钮

81

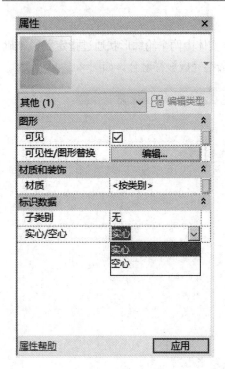

图 4.3-19　属性窗口中实心/空心属性调整

（1）进一步设置子类别；

（2）设置可见性参数。

（1）族插入点/原点；

（2）族主体；

（3）族的类型；

（4）族的详细程度；

（5）族的显示特性。

TIPS 2：族创建之始要确定：

（1）定义子类别；

（2）选择族样板；

（3）定义插入点/原点；

（4）布局参照线/平面；

（5）设置基本参数；

（6）添加尺寸标注并与参数关联。

TIPS 3：族几何形体的绘制和参数化设置：

（1）定义族类型；

（2）绘制几何形体；

（3）将几何形体约束到参照平面；

（4）调整参数值和模型，判断族行为。

TIPS 4：族的其他特性设置：

4.4　族的修改

4.4.1　对几何图形的修改

1. 连接

该命令可将多个实体模型连接为一体，若需要将已经连接的实体模型返回到未连接的状态，可单击"连接"下拉列表中的"取消连接几何图形"，如图 4.4.1-1 所示。

2. 剪切

该命令可将空心模型从实体模型中减去，形成"镂空"效果。若需要将已经剪切的实体模型返回到未剪切的状态，可单击"剪切"下拉列表中的"取消剪切几何图形"，如图 4.4.1-2 所示。

3. 拆分面

可将图元的面分割为若干区域，以便应用不同材质，且只能拆分选定面，但不会产生多个图元或修改图元的结构。

具体操作如下：依次单击"修改→几何图形→拆分面"，如图 4.4.1-3 所示，鼠标移至待拆分面附近，选中高亮显示的目标面，激活"创建边界"选项卡，绘制拆分区域边界，单击 ✓ 按钮完成绘制，如图 4.4.1-4 所示。

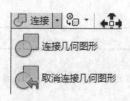 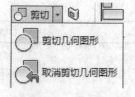 

图 4.4.1-1　连接命令　　　图 4.4.1-2　剪切命令　　　图 4.4.1-3　拆分面命令

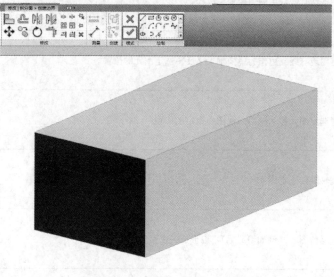

图 4.4.1-4　拆分面命令边界绘制　　　　图 4.4.1-5　填色命令

4. 填色

可在图元的面和区域中添加及删除材质，如图 4.4.1-5 所示。

4.4.2　对图元的修改

如图 4.4.2 所示的修改面板，是对图元进行修改的各种工具，不仅仅用于族的修改，更是会贯穿整个 Revit 软件操作使用周期，用一个表格将各个工具的功能展示一下，详见表 4.4.2。

图 4.4.2　修改面板

修改工具功能介绍　　　　　　　　　　　　　　表 4.4.2

工具	功能
	可以将一个或多个图元与选定的图元对齐

续表

工具	功能
	将选定的图元（例如线、墙或梁）复制或移动到其长度的垂直方向上的指定距离处
	绘制一条临时线，用做镜像轴
	可以使用现有线或边作为镜像轴，来反转选定图元的位置
	用于将选定图元移动到当前视图中指定的位置
	可以绕轴旋转选定图元
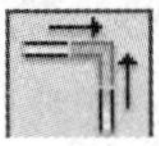	修剪或延伸图元（例如墙或梁），以形成一个角
	用于复制选定图元并将它们放置在当前视图中指定的位置
	可以修剪或延伸一个图元（墙、线或梁）到其他图元定义的边界
	修剪或延伸多个图元（如墙、线、梁）到其他图元定义的边界
	在选定点剪切图元（例如墙或线），或删除两点之间的线段
	将墙拆分成之前已定义间隙的两面单独的墙
	可以调整选定项的大小
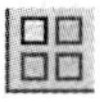	可以创建选定图元的线性阵列或半径阵列

工具	功能
🔓	用于解锁模型图元，以使其可以移动 锁定图元后，您不能对其进行移动，除非将图元设置为随附近的图元一同移动或它所在的标高上下移动。 为使图元可以移动，请将其解锁
📌	用于将模型图元锁定到位
✖	用于从建筑模型中删除选定图元

课 后 习 题

一、单项选择题

1. 以下属于系统族的有（　　）。

A. 楼板　　　　　　　　　　　　　B. 家具

C. 墙下条形基础　　　　　　　　　D. RPC

2. 以下（　　）是族样板的特性。

A. 系统参数　　　　　　　　　　　B. 文字提示

C. 常用视图　　　　　　　　　　　D. 族类别和族参数

3. 族样板的扩展名为（　　）。

A. .rfa　　　　　　　　　　　　　B. .rvt

C. .rte　　　　　　　　　　　　　D. .rft

4. 以下对"放样"建模方式的准确描述是（　　）。

A. 用于创建需要绘制或应用轮廓且沿路径拉伸该轮廓族的一种建模方式

B. 将两个平行平面上的不同形状的端面进行融合的建模

C. 通过绘制一个封闭的拉伸端面并给一个拉伸高度进行建模的方法

D. 可创建出围绕一根旋转而成的几何图形的建模方法

二、多项选择题

1. 打开 Revit 族属性栏的方法有（　　）。

A. 在绘图区任意位置单击右键，选择属性

B. 快捷键 Ctrl＋1

C. 在选项卡中，修改，然后单击属性

D. 快捷键 PP

2. Revit 族的分类有（　　）。

A. 内建族　　　　　　　　　　　　B. 系统族

C. 体量族　　　　　　　　　　　　D. 可载入族

3. 工作平面的设置方法有（　　）。

A. 拾取一个参照平面

B. 拾取参照线的水平和垂直法面

C. 根据昵称

D. 拾取任意一条线并使用该条线所在的工作平面

4. Revit 布尔运算的方式有(　　　)。

A. 粘贴　　　　　　　　　　　　　B. 剪切

C. 拆分　　　　　　　　　　　　　D. 连接

5. 族创建构思需要考虑的因素有(　　)。

A. 族插入点/原点　　　　　　　　　B. 族的主体和族的类型

C. 族的详细程度　　　　　　　　　D. 族的显示特性

6. 以下(　　)是二维族。

A. 轮廓族　　　　　　　　　　　　B. 详图构件族

C. 注释族　　　　　　　　　　　　D. 标题栏族

参考答案

一、单项选择题

1. A　　2. B　　3. D　　4. A

二、多项选择题

1. ABCD　　2. ABD　　3. ABCD　　4. BD　　5. ABCD　　6. ABCD

第 5 章　BIM 土建建模基础

本章导读：

从本章开始，将以某公租房项目 17 号楼为案例，在 Revit 中从零开始创建土建模型。

第 1 节介绍该项目的一些基本情况，以及用 Revit 创建出来的整体的模型造型，并提供建筑、结构部分的主要平面图、立面图、详图等，让大家对项目有个初步的认识。接着创建该项目 17 号楼的标高、轴网，为项目建立定位信息。

第 2 节介绍用 Revit 创建此项目 17 号楼的结构部分模型构件的详细方法和步骤。

第 3 节介绍用 Revit 实现这个项目 17 号楼的建筑部分模型构件的详细方法和步骤，最终完成该项目的土建部分模型的创建。

5.1　创建项目准备事项

5.1.1　了解项目概况

在进行模型创建之前，读者需要熟悉项目的基本情况，本书将以某公租房项目 17 号楼为案例进行项目模型的创建，下面是本项目 17 号楼相关工程情况。

工程名称：某公租房项目。

子项名称：17 号装配式公租房。

建筑层数及高度：地上 19 层 55.12m，地下 5 层 19.3m。

建设面积：总建筑面积：9114m²，其中地上建筑面积：7307m²，地下建筑面积：1807m²，公租房套数 144 户。

建筑功能：首层为商业，2 层以上为公租房。地下 1 层为商业、库房，地下 2～4 层为自行车库，地下 5 层为库房。

结构形式：装配式剪力墙结构。

5.1.2　17 号楼模型展示

17 号楼结构、建筑模型如图 5.1.2-1、图 5.1.2-2 所示。

结构模型左前视图　　　　　　　　结构模型右后视图

图 5.1.2-1　17 号楼结构模型

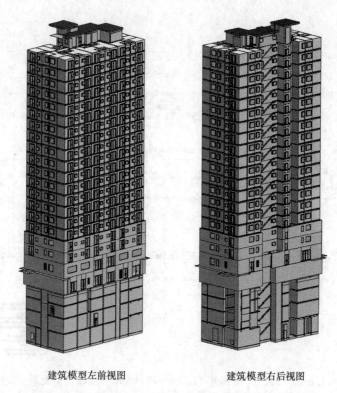

建筑模型左前视图　　　　　　　建筑模型右后视图

图 5.1.2-2　17 号楼建筑模型

5.1.3　项目主要图纸

本项目 17 号楼包括建筑和结构两部分内容，因篇幅限制，本书将以标准层为主要依据创建模型。创建模型时，应严格按照图纸的尺寸进行创建。

1. 结构专业施工图

本项目中，结构部分包含结构柱、结构梁、结构楼板、结构墙，同时由于本项目 4 层以上为装配式结构，还包括预制墙、预制板、预制梁、预制楼梯等预制构件。在 Revit 中创建模型时，需要根据各结构构件对应的图纸尺寸创建精确的构件模型。标准层结构部分主要图纸如图 5.1.3-1～图 5.1.3-3 所示。

（1）剪力墙及梁配筋平面图

（2）板图

2. 建筑专业施工图

本项目建筑部分的标准层平面图、17 号楼立面与剖面图、部分详图图纸如图 5.1.3-4～图 5.1.3-11 所示。

（1）建筑平面图纸

（2）建筑立面图纸

（3）建筑剖面图纸

（4）建筑详图图纸

结合本章给出的平面、立面、剖面、详图图纸，可以在 Revit 中建立精确、完整的 17 号

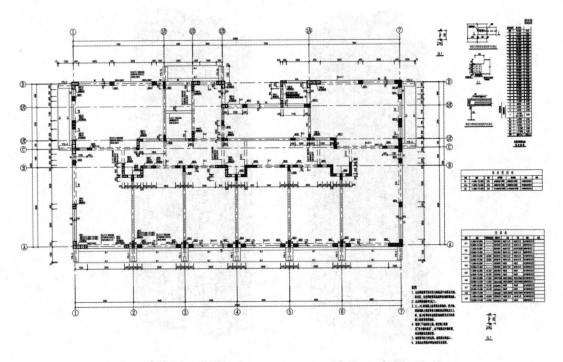

图 5.1.3-1　结施-09 17 号楼 11.880～73.480m 剪力墙及梁配筋平面图

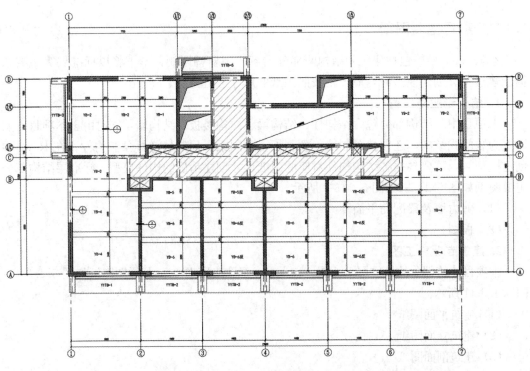

图 5.1.3-2　结施-19 17 号楼 6～27 层结构平面及预制板平面布置图

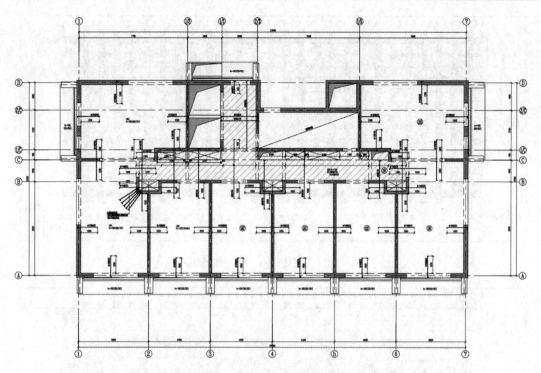

图 5.1.3-3　结施-23 17 号楼 6～27 层现浇板及现浇层配筋图

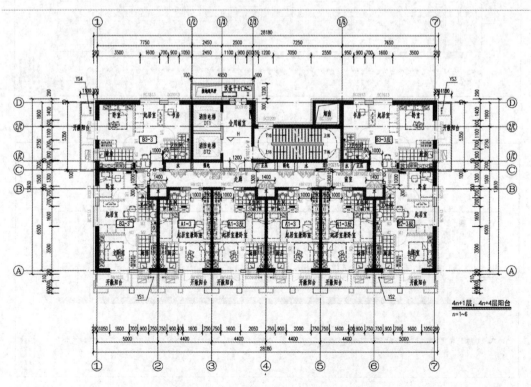

图 5.1.3-4　建施-13 5～27 层平面图

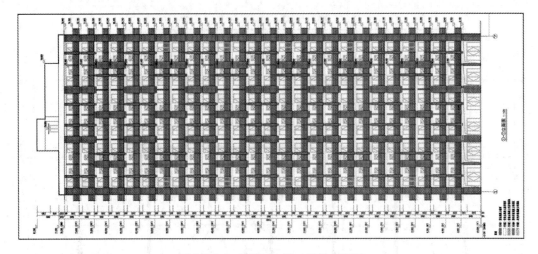

图 5.1.3-5   建施-16 ①～⑦轴立面图

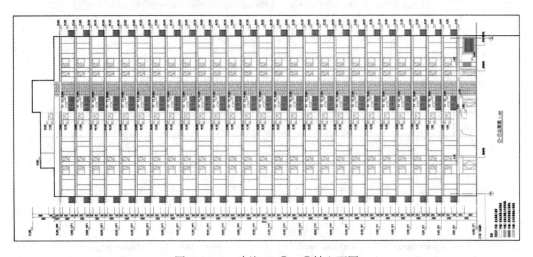

图 5.1.3-6   建施-17 ⑦～①轴立面图

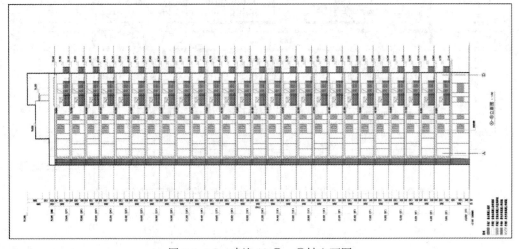

图 5.1.3-7   建施-18 Ⓐ～Ⓓ轴立面图

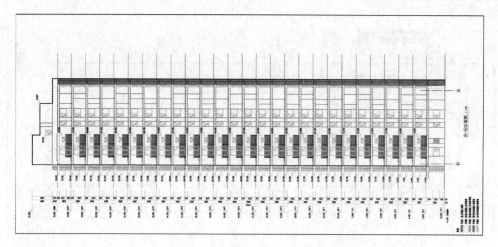

图 5.1.3-8　建施-19①～Ⓐ轴立面图

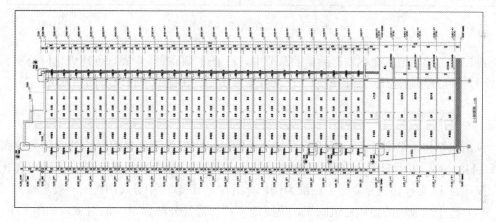

图 5.1.3-9　建施-20 1-1 剖面图

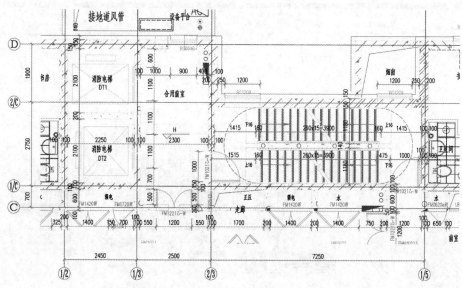

图 5.1.3-10　建施-25 标准层平面图

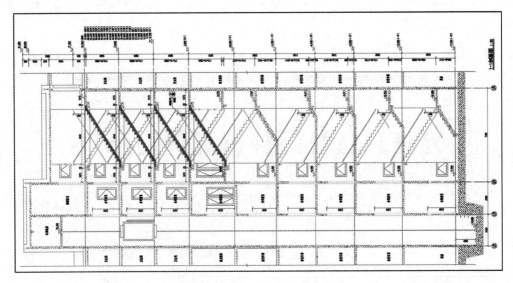

图 5.1.3-11　建施-28 1-1 剖面图

楼标准层的土建模型。在本教材后面的章节中，将通过实际操作步骤，创建焦化厂公租房项目 17 号楼标准层的建筑、结构模型，让读者掌握实用、快捷的项目模型创建方法。

5.1.4　分离图纸

从所有结构图纸中分离出对应单层的平面图纸，用于后面创建模型构件时作为单张的 CAD 链接/导入的图纸用，然后依托链接的 CAD 文件进行模型构件的创建。下面以焦化厂公租房项目 17 号楼建筑专业施工图纸为例，介绍在 CAD 软件中分离图纸的一般步骤。

（1）选中已成块的整体建筑图纸，快捷键 "x"，将其分解为单一的对象，如图 5.1.4-1 所示。

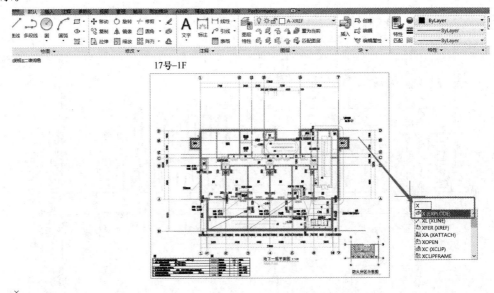

图 5.1.4-1　选中图纸并输入分解命令

（2）框选所要分离的图纸，如图 5.1.4-2 所示。

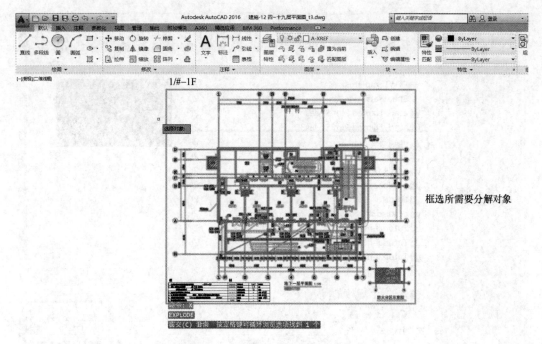

图 5.1.4-2　框选需分解的图纸区域

（3）快捷键"Ctrl＋Shift＋C"，并指定某基点（如两轴线相交处：Ⓐ轴线与①轴线），如图 5.1.4-3 所示。

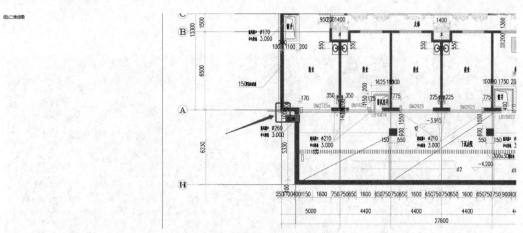

图 5.1.4-3　复制成块并指定基点

TIPS：此处选择的基点与后面此图纸链接入 Revit 中的基点会重合一致。

（4）快捷键"Ctrl＋N"，新建一个 CAD 文件，如图 5.1.4-4 所示。

（5）快捷键"Ctrl＋Shift＋V"，输入坐标点"0，0"，即将单张图纸分离了出来，并且坐标点（0，0）在第（2）步选取的Ⓐ轴与①轴交界处的点上，如图 5.1.4-5、图 5.1.4-6 所示。

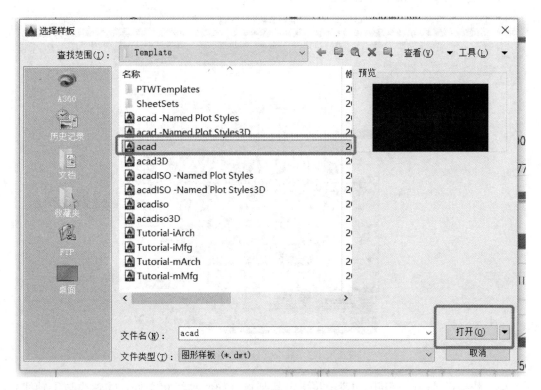

图 5.1.4-4　新建 CAD 文件

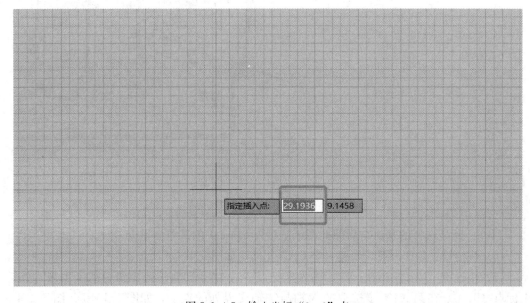

图 5.1.4-5　输入坐标"0，0"点

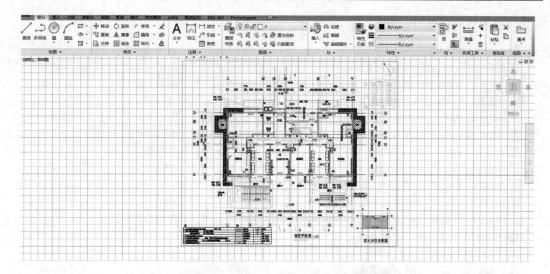

图 5.1.4-6 复制所选基点位于 CAD 图纸原点上

（6）快捷键"Z＋空格""E＋空格"，图纸布满全屏，即说明图纸分离没有问题，最后将此张图纸的图名为名称保存到合适位置即完成图纸分离，如图 5.1.4-7 所示。

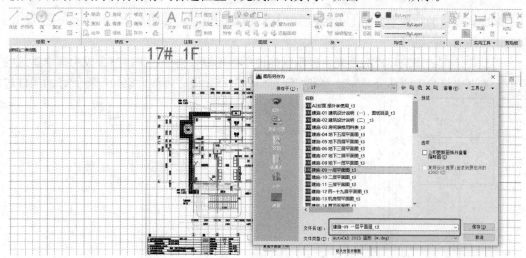

图 5.1.4-7 图纸确认无误后保存

5.2 创建结构项目模型

上节已经建立了结构标高和轴网的项目定位信息。从本节开始，按先单独建立预制构件后拼接的模式逐步完成某公租房项目 17 号楼的土建模型创建。

5.2.1 装配式建筑概述

1. 装配式建筑建模区别

装配式项目与传统项目有很大差别，从图纸上来说，装配式项目需要预制构件的详图，这是现浇项目所没有的，如图 5.2.1-1 所示。

结施-27 17#楼南立面预制构件布置图	2017/2/9 16:57	DWG 文件	431 KB
结施-28 17#楼北立面预制构件布置图	2017/2/9 16:57	DWG 文件	417 KB
结施-29 17#楼东立面预制构件布置图	2017/2/9 16:57	DWG 文件	416 KB
结施-30 17#楼西立面预制构件布置图	2017/2/9 16:57	DWG 文件	416 KB
详结施-01 YWQ-1、YWQ-4模板图	2017/2/9 16:57	DWG 文件	2,074 KB
详结施-02 YWQ-1、YWQ-4配筋图	2017/2/9 16:58	DWG 文件	2,074 KB
详结施-03 YWQ-2、YWQ-3模板图	2017/2/9 16:58	DWG 文件	2,073 KB
详结施-04 YWQ-2、YWQ-3配筋图	2017/2/9 16:58	DWG 文件	2,074 KB
详结施-05 YWQ-5、YWQ-15模板图	2017/2/9 16:58	DWG 文件	2,073 KB
详结施-06 YWQ-5、YWQ-15配筋图	2017/2/9 16:58	DWG 文件	2,073 KB
详结施-07 YWQ-6、YWQ-17模板图	2017/2/9 16:58	DWG 文件	2,073 KB
详结施-08 YWQ-6、YWQ-17配筋图	2017/2/9 16:58	DWG 文件	2,074 KB
详结施-09 YWQ-7、YWQ-16模板图	2017/2/9 16:58	DWG 文件	2,074 KB
详结施-10 YWQ-7、YWQ-16配筋图	2017/2/9 16:58	DWG 文件	2,074 KB
详结施-11 YWQ-8、YWQ-14模板图	2017/2/9 16:58	DWG 文件	2,072 KB
详结施-12 YWQ-8、YWQ-14配筋图	2017/2/9 16:58	DWG 文件	2,073 KB

图 5.2.1-1　预制构件模板配筋图

　　装配式项目的结构平面图上也会标注出构件所在的位置，如图 5.2.1-2 所示，YWQ-15a 即为该构件的详图编号。

　　因此，装配式建筑建模需要先将各预制构件单独建模，再经过拼接整合成为整个建筑的模型。本书也将分为两部分，先教大家如何对构件进行建模，再教大家如何将做好的构件进

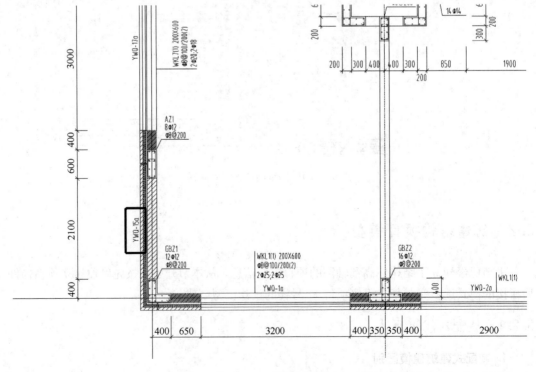

图 5.2.1-2　结构平面图

行拼接。

2. 预制墙体内页建模

以 YWQ1 模型图（图 5.2.1-3 所示）和平面图（图 5.2.1-4 所示）为例可以看出，预制墙分为三层，分别是 200mm 厚核心层、90mm 厚保温层和 60mm 厚外页层。

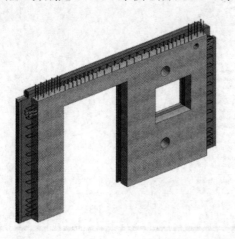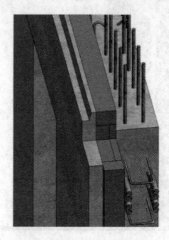

图 5.2.1-3　预制墙体内页模型图

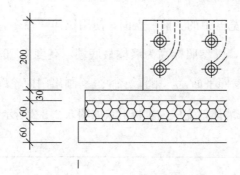

图 5.2.1-4　预制墙图纸

由于 Revit 模型的门窗是基于墙体来放置的，因此要先在门窗洞口处建尺寸大小一样的墙，再将门窗插入。

本项目的预制构件有：YWQ-预制墙、YB-预制板、YYTL-预制阳台梁、YYTB-预制阳台板和预制楼梯。

5.2.2　预制外墙

在本案例中，该项目 17 号楼中的预制外墙分为三层：内页层、保温层和外页层。所以本小节分三部分介绍建模方法。

1. 内页建模

（1）首先，启动 Revit 2016 或其他相近版本，单击左上角的 按钮，在列表中选择"新建→族"命令，弹出"选择样板文件"，如图 5.2.2-1 所示。选择"公制常规模型"，单击"打开"。

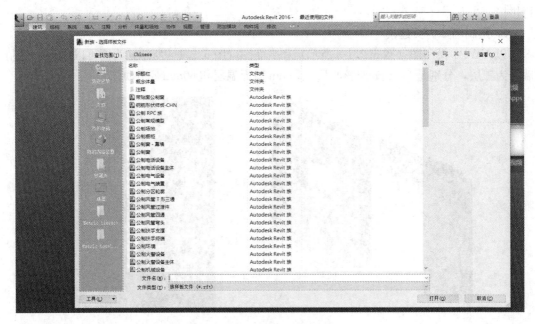

图 5.2.2-1　选择族样板文件

（2）双击进入项目浏览器中的"前"立面，使用拉伸 命令，绘制内页板的轮廓图形（勾选"链"可连续绘制），以参照标高为墙体最底端，高度为 2630mm，宽度为 4250mm；以门窗的位置和尺寸建立参照平面 ，用直线命令 画出门窗轮廓；用打断命令 打断，再用修建命令 修建下部墙体，完成内页板形状如图 5.2.2-2 所示。

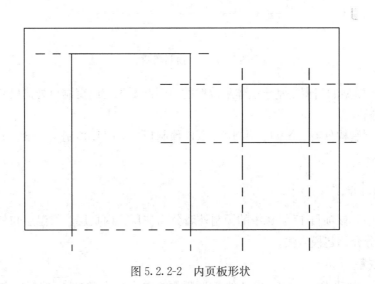

图 5.2.2-2　内页板形状

（3）拉伸终点设置为内页层厚度 200mm，点击 生成，进入三位视图点击"着色"，如图 5.2.2-3、图 5.2.2-4 所示。

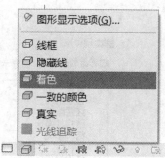

图 5.2.2-3 确定拉伸终点　　　　　　图 5.2.2-4 着色

（4）关联材质：找到属性栏中-材质和装饰-材质，点击右侧"关联族参数"，点击 ，输入名称如"内页材质"，点击确定。打开"属性"选项卡中的族类型 可以看到刚刚创建的"内页材质"，点击…，新建材料，重命名为材质名称，例如"混凝土 C50"，并赋予材质，如图 5.2.2-5 所示。之后创建的同类型的构件就可以直接在"关联族参数"中选择相应的参数进行关联。

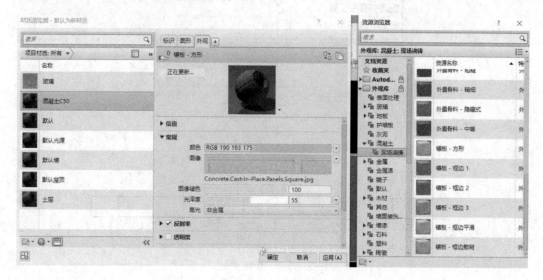

图 5.2.2-5 赋予材质

（5）点击属性选项卡中族类型命令，将该构件类型修改为结构连接。如图 5.2.2-6 所示。

2. 保温层建模

（1）在参照标高平面内，分别距内页层 30mm、90mm、150mm 处以及距门右侧 70mm 处各建立参照平面，如图 5.2.2-7 所示

（2）绘制外轮廓：选择工作平面选项卡中的设置命令，点击" ◉拾取一个平面(P) "并确定，在图中拾取距离 30mm 的参照平面，弹出"转到视图"窗口，选择打开"前"立面，使用拉伸命令，点击拾取线，根据图纸可知保温层上侧、左侧和右侧比内页层分别

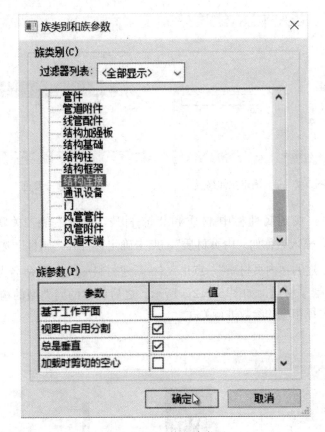

图 5.2.2-6　修改族类型

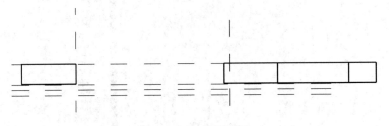

图 5.2.2-7　参照平面

宽 80mm、255mm、315mm，故修改偏移量并拾取各平面，再使用修剪命令 🔧 将各边对齐，如图 5.2.2-8 所示。

（3）点击拾取线，将门窗各边向外偏移 70mm 并拾取，再将门的下边线打断、修剪，最后设置拉伸终点为保温层厚度 30mm，如图 5.2.2-9 所示。

（4）关联材质步骤同内页层：属性栏-材质和装饰-材质，点击右侧"关联族参数"，点击 ▇▇ 添加参数(D)... ▇▇，输入名称"30 厚保温层"，点击确定。

（5）重复前几步创建 60mm 厚保温层：点击工作平面选项卡中的设置命令，选择"拾取一个平面"并拾取距离 90mm 的参照平面，进入前立面，拾取 30mm 厚保温层的外轮廓并将拉伸终点设置为 60mm；关联材质时输入名称"60 厚保温层"。最后分别赋予材质加以区分，如图 5.2.2-10 所示。

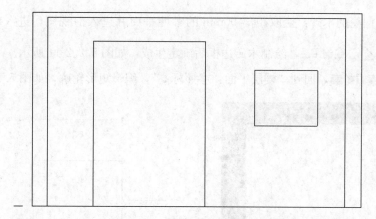

图 5.2.2-8　30mm 厚保温层轮廓

图 5.2.2-9　30mm 厚保温层

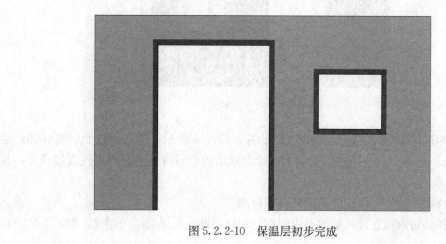

图 5.2.2-10　保温层初步完成

（6）固定门窗的木砖：拾取距离 90mm 的参照平面并进入前视图，进入放样命令 ，
点击绘制路径 绘制路径，绘制木砖边框后确定生成，如图 5.2.2-11 所示。

点击 编辑轮廓，回到"楼层平面：参照标高"，编辑矩形轮廓，如图 5.2.2-12 所示。

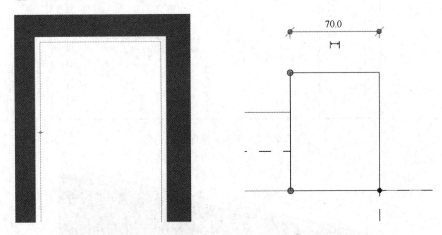

图 5.2.2-11　绘制路径　　　　　　　　　图 5.2.2-12　编辑矩形轮廓

完成木砖后关联材质，如图 5.2.2-13 所示。

图 5.2.2-13　关联材质

　　分别选中两层保温层，点击编辑拉伸，如图 5.2.2-14 所示；进入前立面后将底部边线
向上移动 70mm，确定生成。再进入右立面，拾取矩形边框后可进入三维视图直接拉伸，如
图 5.2.2-15 所示。

　　同理创建保温层上侧和两侧的木砖并关联材质。

　　最后编辑拉伸进入前立面，修改上边两侧的轮廓后即完成保温层的创建，如图 5.2.2-16
所示。

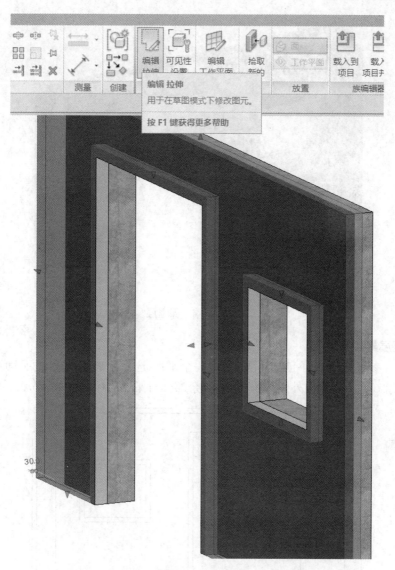

图 5.2.2-14   点击编辑拉伸

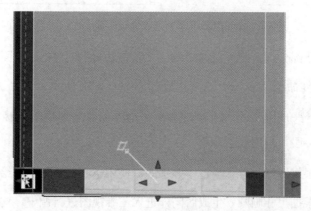

图 5.2.2-15   三维中直接拉伸

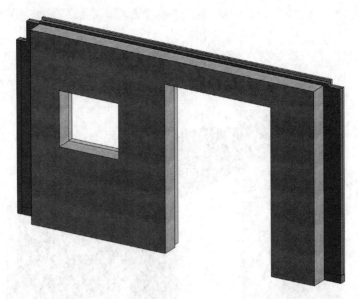

图 5.2.2-16　保温层

3. 外页层建模

（1）进入参照标高平面-创建-设置-拾取一个平面-选择距离 150mm 的平面-拉伸，根据图纸绘制轮廓，左右两侧向外偏移 25mm，其余部分与保温层对齐，如图 5.2.2-17 所示。

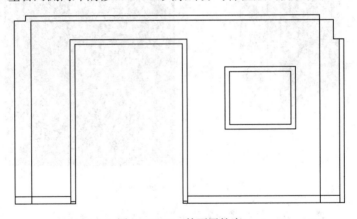

图 5.2.2-17　外页层轮廓

（2）上下侧凹凸部分：上侧可根据图纸尺寸在右立面中创建参照平面，绘制轮廓后使用空心形状 ⬚ 中的拉伸命令 ⬚ 空心拉伸，拾取轮廓如图 5.2.2-18 所示，进入三维视图直接拉伸，也可以使用对齐命令 ⬒ 调整。下侧在创建参照平面并绘制轮廓后可直接实体拉伸（由于门下断开，可先拉伸一段，再用复制命令 ⬚）。完成后同样关联材质。

（3）开洞口：根据图纸尺寸，创建参照平面，使用空心拉伸命令，绘制时使用圆形 ⬚ 圆形 选取交点为圆心，根据尺寸画圆，生成后同样进入三维视图进行调整，这时会发现调整后也无法看到洞口，这里需要使用修改中的剪切命令 ⬚ 剪切，选中空心洞口和各层墙板即可。

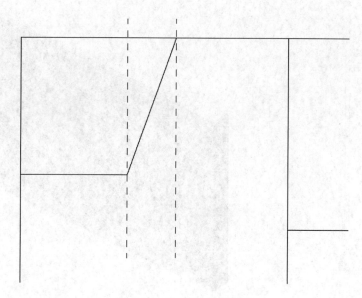

图 5.2.2-18 空心拉伸轮廓

如此，预制外墙的建筑部分就已完成，如图 5.2.2-19 所示。

4. 拐角墙体的做法

（1）对于有拐角的墙体，无法使用拉伸命令，改用放样命令。首先根据图纸尺寸绘制参照平面，点击放样，拾取保温层路径如图 5.2.2-20 所示。

再点击编辑轮廓—进入右立面，绘制矩形轮廓如图 5.2.2-21 所示，生成如图 5.2.2-22 所示的模型。

（2）其他层同理，可得到如图 5.2.2-23 所示的图形。

（3）细节操作与之前无异，可参照本小节前半部分的步骤。

上节已经建立了结构标高和轴网的项目定位信息。从本节开始，按先单独建立预制构件后拼接的模式逐步完成该项目 17 号楼的土建模型创建。

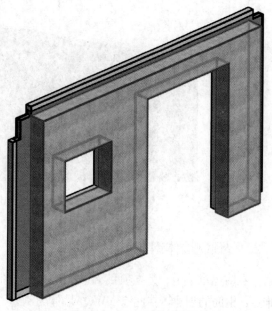

图 5.2.2-19 预制外墙

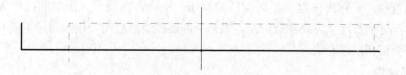

图 5.2.2-20 拾取路径

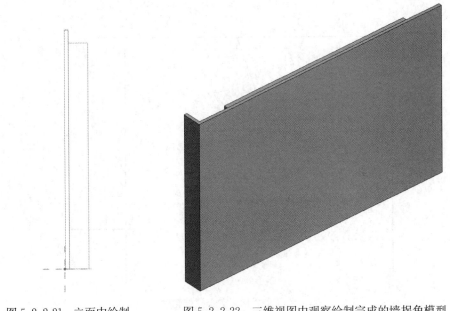

图 5.2.2-21　立面中绘制　　　　图 5.2.2-22　三维视图中观察绘制完成的墙拐角模型
矩形轮廓

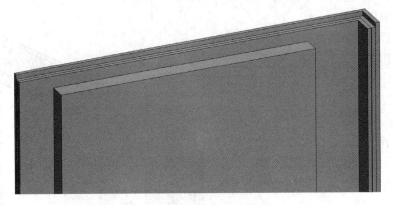

图 5.2.2-23　其他层绘制

5.2.3　预制墙体钢筋

在前述章节中，为本项目 17 号楼创建了预制外墙的建筑部分，本节将讲解结构部分的
难点：钢筋的创建，在此以 YWQ1 墙体为例。

1. 钢筋图纸的讲解

在详图上可以看到不同位置钢筋的名称，对应图上的表格可以得到不同类型钢筋的形
状、长度和直径。YWQ1 中包括不同类型的箍筋、拉筋和纵筋等，表中的白色数字即是钢
筋露出墙体部分的长度。需要注意的是，纵筋下部还需绘制套筒，用来固定本层与下层的钢
筋，同时需要留孔用以灌浆。

2. 钢筋建模

为了算量的简便，建议钢筋单独建模后再导入墙体模型中，而不是直接在墙体模型中创

建。由于钢筋的种类太多，分别建模费时费力，我们可以将钢筋参数化，这样只需要修改长度、直径等参数就可以得到想要的钢筋。

（1）纵筋

新建-公制常规模型，首先记得修改属性，推荐为"结构连接"。进入右立面，绘制任意直径圆形并拉伸，如图 5.2.3-1 所示。

进入参照标高平面，对右侧平面创建参照平面，点击注释选项卡中的对齐 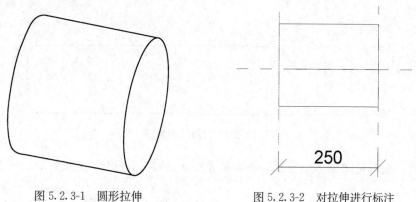 命令，选择两侧的平面进行注释，如图 5.2.3-2 所示。

图 5.2.3-1　圆形拉伸　　　　　　　图 5.2.3-2　对拉伸进行标注

选中尺寸，在标签中添加参数，将其命名为"纵筋长度"，使用对齐命令点击参照平面线和图形线会出现一个小锁，如图 5.2.3-3 所示，点击锁定后，即可在属性选项卡中的族类型中直接修改钢筋的长度。

直径的参数化与长度稍有不同，需在右立面选中图形后，点击编辑拉伸，进入拉伸进

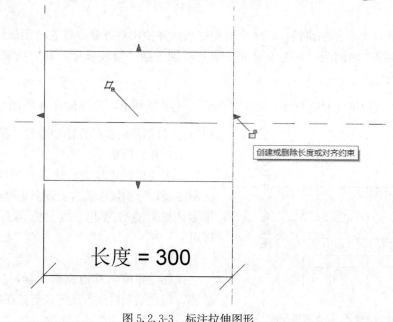

图 5.2.3-3　标注拉伸图形

行注释。注释完成后添加标签"纵筋直径"即可。

（2）箍筋

箍筋由于是弯曲的，所以使用放样命令来做，需要注意的是绘制路径时需按照钢筋的中心线画，长边为标注长度加箍筋半径再加箍筋的半径，以 2Za 为例就是（550＋7＋4）mm，宽度为标注长度加箍筋和纵筋的直径，为（80＋14＋8）mm。故先绘制 561mm×102mm 的矩形，点击圆角弧命令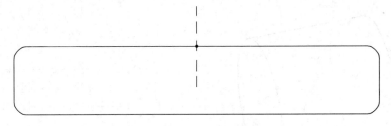，输入半径为 11mm，选择两条临边，分别绘制出四个圆角，如图 5.2.3-4 所示。

图 5.2.3-4　放样绘制箍筋

确定后，编辑轮廓-进入右立面，画半径为 4mm 的圆，创建结果如图 5.2.3-5 所示。

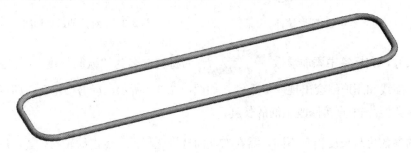

图 5.2.3-5　绘制完成的箍筋

点击编辑放样-绘制路径，同样绘制参照平面并使用对齐命令将它与图形线锁定，然后分别注释参照平面间距，再选中尺寸，为其添加参数"箍筋长度"和"箍筋宽度"，如图 5.2.3-6 所示。

同理，可使用注释选项卡中的径向标注注释倒角，选择标注并添加参数"倒角半径"；注释箍筋的直径并添加参数"箍筋直径"。

（3）开口箍筋

为了便于后边放置，建议放样时进入右立面绘制路径，弯钩尺寸通过查询图集得到，由于种类不多且只有直径变化，故只需将直径添加参数即可。

（4）拉筋

拉筋的建模与其他钢筋无异，只是为了方便放置，需在绘制后进行旋转，与其在项目中的实际方向一致，如图 5.2.3-7 所示。

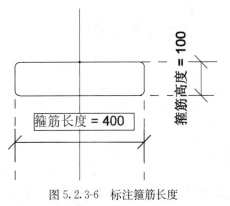

图 5.2.3-6　标注箍筋长度

3. 套筒

进入参照标高平面,点击拉伸命令,绘制两个同心圆进行拉伸,得到如图 5.2.3-8 所示的套筒。

创建-空心形状-空心拉伸,在图纸所示位置绘制圆孔,进入三维视图使用剪切命令创建洞口,再在洞口处绘制同心圆进行拉伸,如图 5.2.3-9 所示。

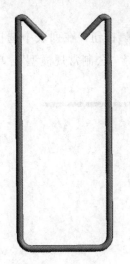

图 5.2.3-7　绘制拉筋　　　　图 5.2.3-8　绘制套筒　　　　图 5.2.3-9　完成套筒

4. 钢筋的放置

打开需要放置钢筋的墙体,以 YWQ1 为例,打开创建好的箍筋、拉筋、纵筋的族,点击载入到项目 ![载入到项目] 。在"创建-模型"选项卡中选择"构件" ![构件] ,在属性栏选择要插入的钢筋类型,如图 5.2.3-10 所示,并放置在对应位置(需在参照标高平面和立面中都调整到正确位置)。

之后灵活运用复制 ![复制] 和镜像 ![镜像] 命令,布置钢筋如图 5.2.3-11 所示。

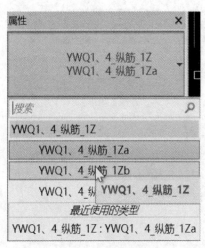

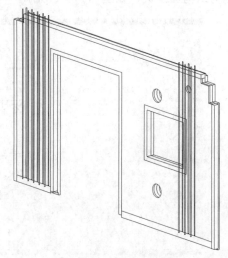

图 5.2.3-10　选择钢筋类型　　　　　　　　　图 5.2.3-11　布置钢筋

111

5.2.4　预制叠合板

本节介绍预制叠合板模型的创建，以 17 号楼为例，该项目在阳台及楼板部分采取预制＋现浇的施工方式，预制叠合板共有六种，绘制方法基本相同，我们以 YB-1 为例，介绍叠合板的建模方法：

1. 创建叠合板族

（1）首先，启动 Revit 2016 或其他相近版本，单击左上角的  按钮，在列表中选择"新建→族"命令，弹出"选择样板文件"，如图 5.2.4-1 所示。选择"公制常规模型"，单击"打开"。

图 5.2.4-1　打开公制常规模型样板

（2）点击左上角，族参数和族类别，选择族类别结构加强板，此步骤修改叠合板的族类别为结构加强板，如图 5.2.4-2 所示。

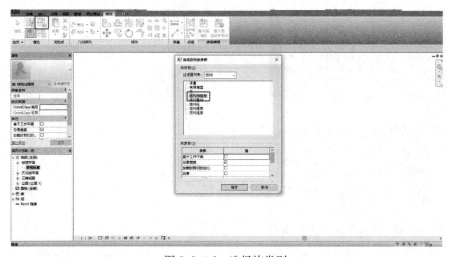

图 5.2.4-2　选择族类别

（3）点击拉伸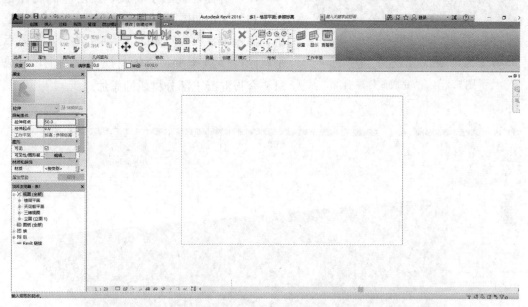按钮，创建叠合板的下半部分，采用直线命令，绘制的轮廓如图5.2.4-3 所示，控制拉伸终点为 50mm，点击工具栏对勾 ✔ 生成如图 5.2.4-4 所示的立方体。

图 5.2.4-3　创建拉伸

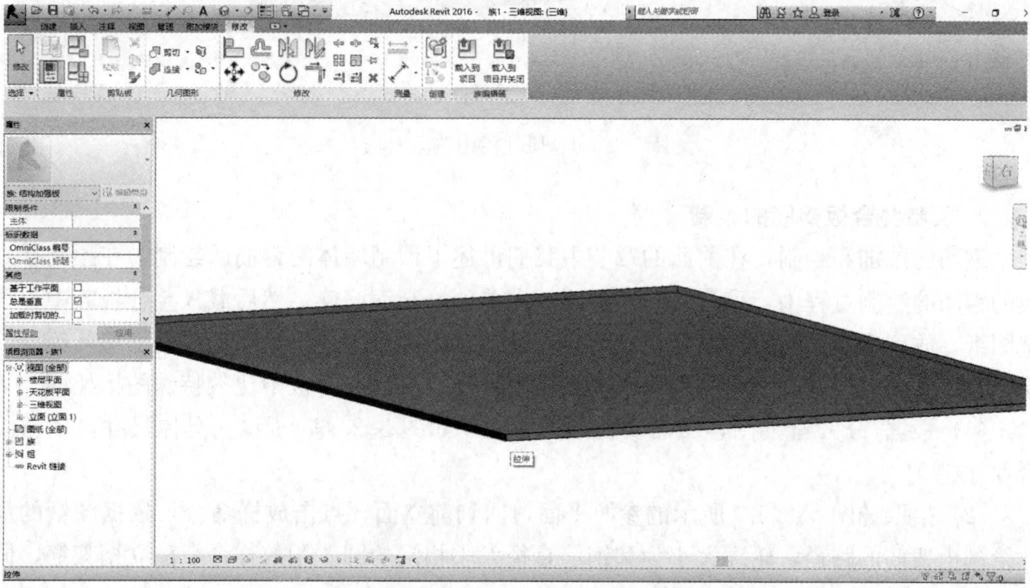

图 5.2.4-4　创建完成的拉伸体

（4）绘制叠合板的上半部分，由于叠合板上半部分的上下两个平面形状不一样，所以我们采用放样融合命令，点击，在前立面绘制路径，长度为 20mm，起点为叠合板的

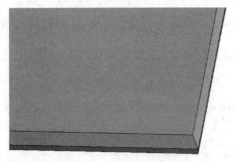

图 5.2.4-5　完成放样融合

下半部分的顶端，然后依据图纸依次绘制轮廓 1 和轮廓 2，点击工具栏对勾 ✔ 生成如图 5.2.4-5 所示的立方体。

（5）给叠合板赋予材质，点击左侧属性栏材质和装饰，如图 5.2.4-6 所示，在弹出对话框中，输入叠合板材质如图 5.2.4-7 所示，然后点击属性栏 族类型，添加材质为混凝土，完成对叠合板混凝土部分材质的添加。

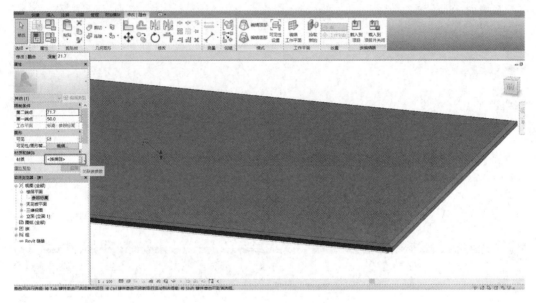

图 5.2.4-6　属性栏中输入材质

2. 预制叠合板钢筋的绘制

钢筋的添加和绘制，在前面的章节中我们讲述了预制墙体的钢筋的绘制，在预制叠合板的钢筋的绘制过程中，采取同样的思路。先单独绘制钢筋族，然后载入叠合板族中，根据图纸，放到准确的位置。由于在预制墙体的小节中已经讲述了纵筋、拉筋、箍筋等族的绘制，在叠合板中此类型的钢筋不作详细讲解，重点讲述叠合板中比较特殊的桁架筋。

（1）根据 YB-1 配筋图，做需要的参照平面，如图 5.2.4-8 所示。具体尺寸，依据图纸尺寸建立。

（2）拾取如图 5.2.4-9 所示的参照平面，回到前立面，点击放样命令，依据图纸的尺寸绘制桁架筋的路径，轮廓大小为和钢筋直径大小相同的圆。用放样命令建立桁架筋，同时用放样命令建立带弯钩的纵筋。

（3）将建好的纵筋族、桁架筋族按照图纸所示的位置放置到叠合板相应的位置，在此过程中，要多利用参照平面这个工具，这样可以更准确、更方便地将建好的钢筋族放到正确的位置。以 YB-1 为例，建立好的叠合板构件如图 5.2.4-10 所示。

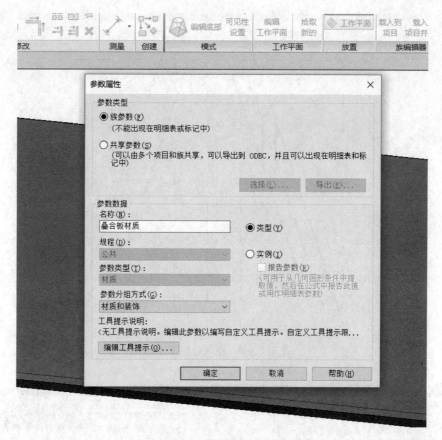

图 5.2.4-7　添加族参数

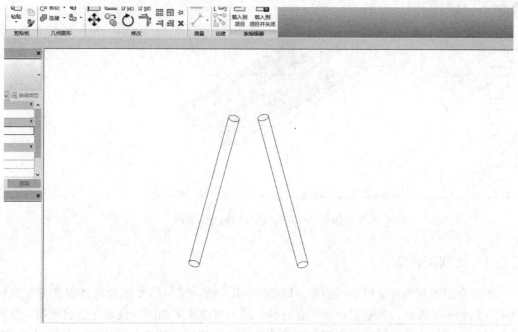

图 5.2.4-8　建立钢筋模型

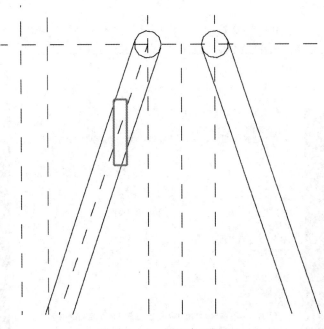

图 5.2.4-9　拾取参照平面

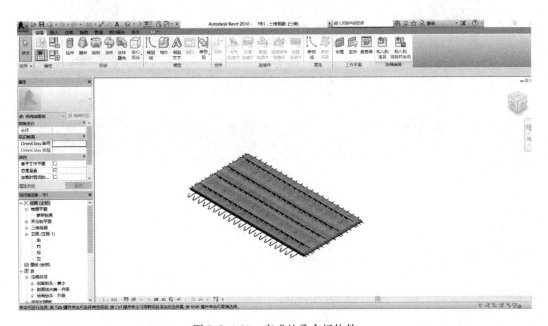

图 5.2.4-10　完成的叠合板构件

5.2.5　预制阳台梁

本节介绍预制阳台梁模型的创建，以 17 号楼为例，该项目在阳台及楼板部分采取预制＋现浇的施工方式，预制阳台梁共有五种，绘制方法基本相同，也是先绘制钢筋，然后绘制里边的固定构件，最后将钢筋和固定构件放置到相应的位置，我们以 YYTL-1 为例，介绍阳台梁的建模方法：

（1）首先，启动 Revit 2016 或其他相近版本，单击左上角的 ![按钮] 按钮，在列表中选择"新建→族"命令，弹出"选择样板文件"，如图 5.2.5-1 所示。选择"公制常规模型"，单击"打开"。

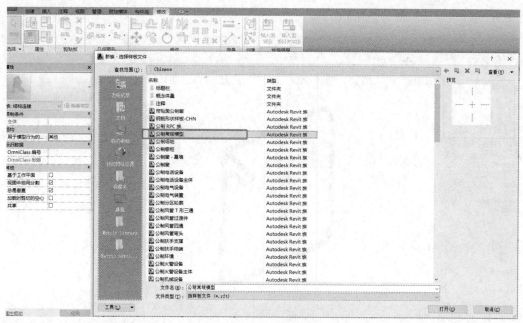

图 5.2.5-1　选择族样板文件

（2）绘制阳台梁的内部固定构件，可以在参照标高平面，选择拉伸命令，根据图纸绘制类似于"工"的形状，完成拉伸。然后在前立面选择空心拉伸，拉伸形状为固定件上空心洞口的形状，完成拉伸。绘制完成的固定件如图 5.2.5-2 所示。

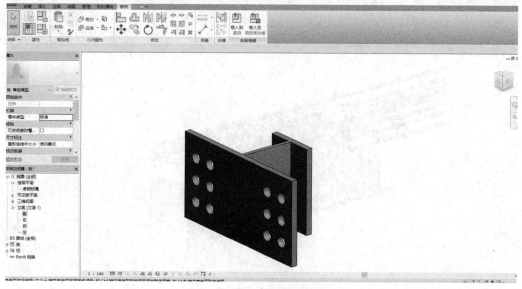

图 5.2.5-2　绘制固定构件

（3）绘制内部钢筋，预制阳台梁里边的纵筋和前面墙体、叠合板中的纵筋绘制方法基本相同，可根据图纸尺寸绘制即可。预制阳台梁中有一个环形箍筋是在前面的内容中没有出现的，由于弯钩是在两个不同的平面，所以只用放样是无法完成的。我们需要将环形箍筋拆成两部分，分别做放样完成。然后点击旋转命令，旋转距离为箍筋的直径长度。绘制完成后的箍筋如图 5.2.5-3 所示。

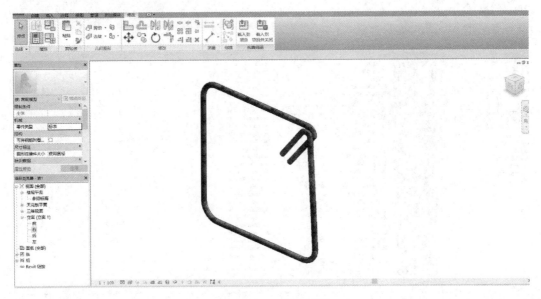

图 5.2.5-3　绘制箍筋

（4）将绘制好的纵筋、箍筋、固定构件等按照图纸放置到正确的位置，以 YYTL-1 为例，做好的钢筋笼如图 5.2.5-4 所示。然后通过拉伸命令绘制外部混凝土部分，将钢筋笼放到预制混凝土族中，做好的预制阳台梁如图 5.2.5-5 所示。

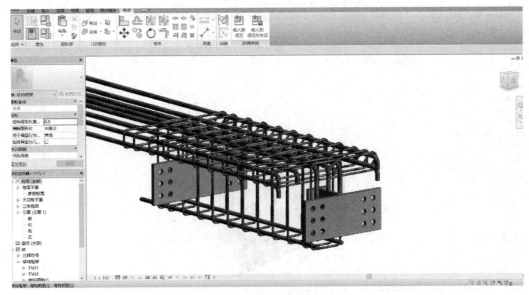

图 5.2.5-4　钢筋笼

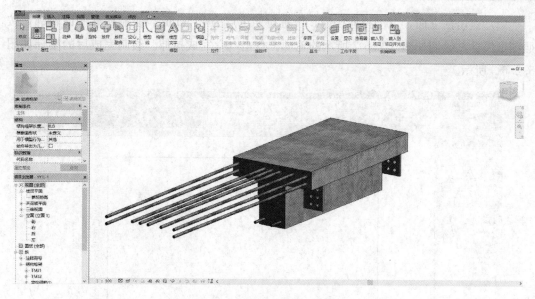

图 5.2.5-5 绘制完成的预制混凝土族

5.2.6 预制楼梯

本节介绍预制楼梯模型的创建,以 17 号楼为例,该项目楼梯为预制装配式楼梯,绘制方法和前面的预制构件基本相同,我们以 YLTB-1 为例,介绍预制楼梯的建模方法:

(1)首先,启动 Revit 2016 或其他相近版本,单击左上角的 按钮,在列表中选择"新建→族"命令,弹出"选择样板文件",如图 5.2.6-1 所示。选择"公制常规模型",单击"打开"。

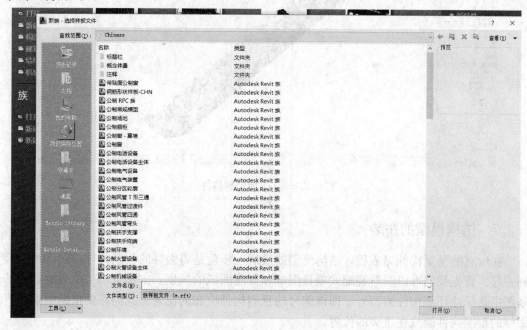

图 5.2.6-1 打开族样板

（2）点击前立面，点击拉伸按钮，设置拉伸重点为 1150mm，绘制楼梯侧面轮廓，按照图纸尺寸，绘制如图 5.2.6-2 所示的轮廓。点击 ✔ 完成拉伸。绘制完成后的楼梯如图 5.2.6-3 所示。

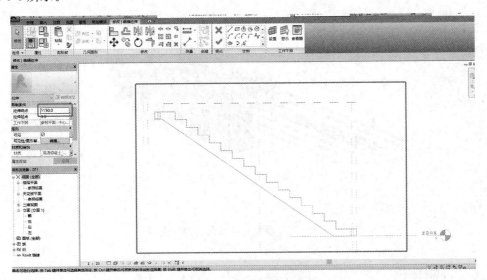

图 5.2.6-2　绘制楼梯轮廓

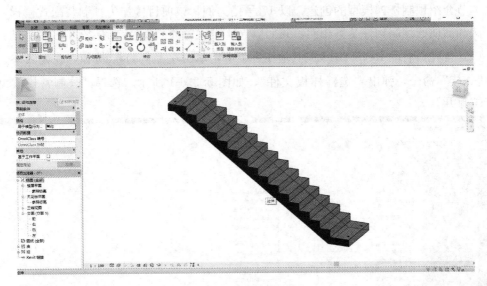

图 5.2.6-3　拉伸楼梯构件

5.2.7　结构模型的拼装

在所有的预制构件完成后，结构模型的最后一步就是将做好的预制构件按照图纸拼装到一起。首先我们可以看看装配式项目图纸和普通图纸的区别，如图 5.2.7-1 所示。在结施图中会标注预制构件的型号，即该编号的预制构件应在的位置。我们需要根据图纸，将做好的预制构件族放在正确的位置。

（1）点击工具栏插入按钮，将做好的预制构件族载入到项目，载入以后，可以在项目

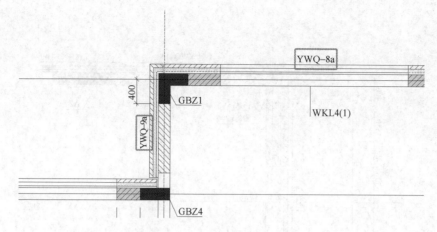

图 5.2.7-1 图纸中找到对应型号

浏览器这一栏中找到所有载入到项目中的预制构件，如图 5.2.7-2 所示。

（2）点击工具栏插入按钮，将做好的预制构件族载入到项目，载入以后，可以在项目浏览器这一栏中找到所有载入到项目中的预制构件，如图 5.2.7-3 所示。

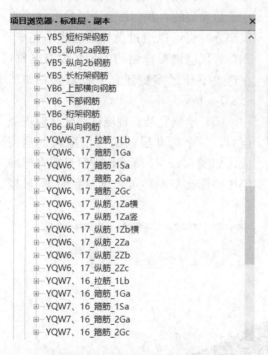

图 5.2.7-2 项目浏览器

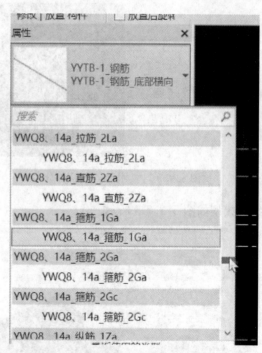

图 5.2.7-3 属性选择栏中选择钢筋类型

（3）将所有构件族都载入以后，点击构件按钮，在弹出的框中选择放置构件，图纸中预制墙体和预制板的位置如图 5.2.7-4 所示。根据图纸依次放置预制叠合板、预制墙体、预制阳台梁、预制楼梯等构件。

（4）将所有构件族放置到指定位置以后，需要做节点现浇部分和叠合板的现浇层，如

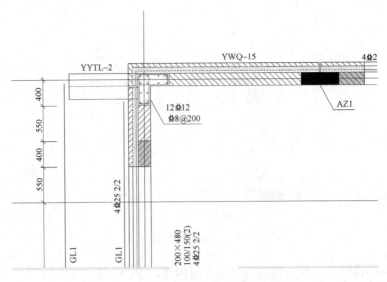

图 5.2.7-4 对应图纸中位置放置构件

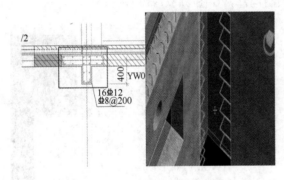

图 5.2.7-5 制作节点现浇部分

图 5.2.7-5 所示，该项目在节点处有部分柱子是现浇的，我们需要通过异形柱绘制该部分。也可以通过做异形柱族来完成，和普通现浇混凝土结构的做法没有区别，在这里不作过多赘述。绘制完成后如图 5.2.7-6 所示。

（5）绘制完节点现浇柱和叠合板现浇层后，一个标准层的结构模型就创建完成，如图 5.2.7-7 所示。我们只需将标准层按照标高复制即可，绘制完的 17 号楼结构模型如图 5.2.7-8 所示。

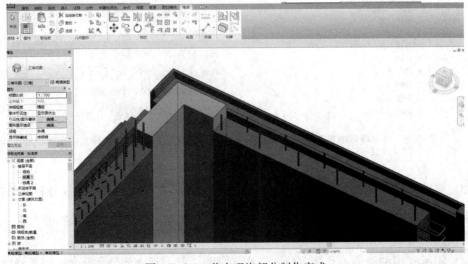

图 5.2.7-6 节点现浇部分制作完成

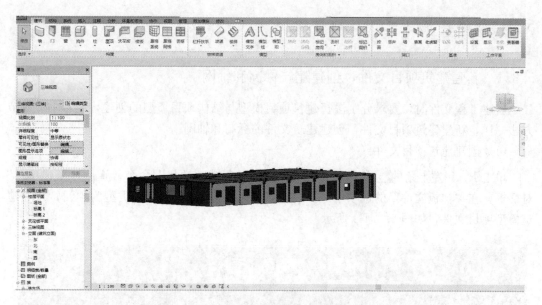

图 5.2.7-7 完成的标准层模型

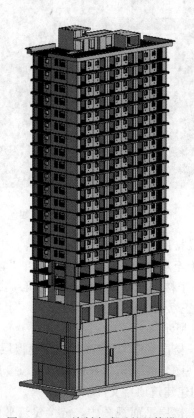

图 5.2.7-8 绘制完成后的整体模型

5.3　创建建筑（装修）项目模型

5.3.1　新建建筑项目文件，创建建筑标高和轴网

新建工程文件时，要求分别进行建筑项目模型与结构项目模型的创建，同本书 2.3 节方法一样，新建建筑项目文件，创建建筑文件的标高和轴网。

（1）创建建筑项目文件

单击 Revit 左上角的 按钮，在列表中选择"新建→项目"命令，弹出"新建项目"对话框，在"样板文件"的选项中选择"建筑样板"，确认"新建"类型为项目，建立建筑模型项目文件，如图 5.3.1-1 所示。

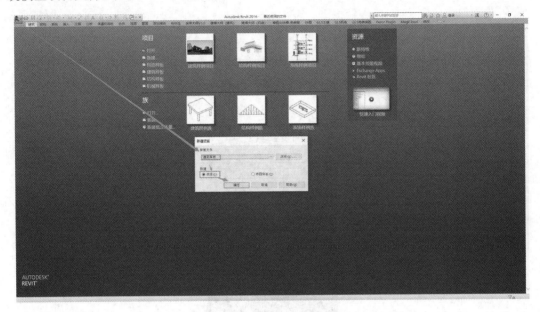

图 5.3.1-1　建筑项目文件创建

（2）创建项目文件标高及楼层平面视图

进入任一立面视图，切换至对应立面视图中，此处以"北立面"为例，参考"建施—20 1—1 剖面图"所给出的各个楼层标高信息，建立建筑项目文件的标高，方法同 2.3.1小节相同，其中，标头除"正负零标高"外，均设为"上标头"，名称同"A ＿ 7F ＿17.600"一致，如图 5.3.1-2 所示。

点击"视图—平面视图—楼层平面"，在弹出的新建楼层平面视图对话框中选中所有标高，新建对应的楼层平面视图，如图 5.3.1-3～图 5.3.1-5 所示。

（3）链接 CAD 文件，创建建筑项目文件轴网

进入"A ＿ 7F ＿ 17.600"楼层平面视图中，链接建筑平面图——"5～27 层平面图"后确保锁定，与 2.3.2 小节中的方法相同，创建建筑项目文件的轴网，如图 5.3.1-6所示。

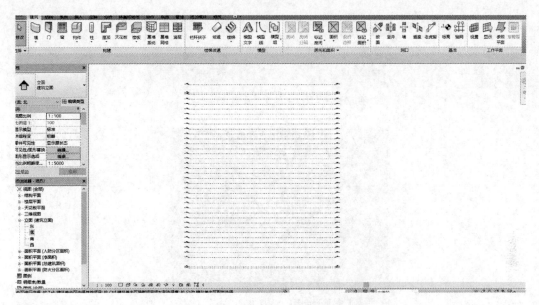

图 5.3.1-2　建筑项目文件标高创建

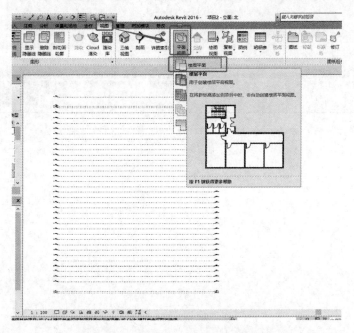

图 5.3.1-3　创建对应楼层平面视图命令

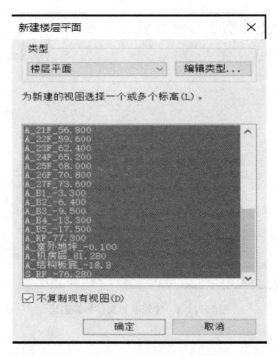

图 5.3.1-4　选中未创建楼层平面视图的楼层

图 5.3.1-5　楼层平面视图创建完成

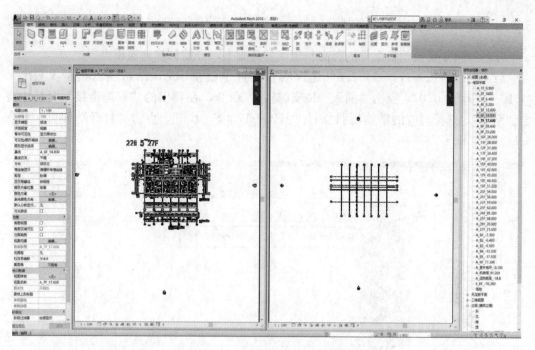

图 5.3.1-6 创建建筑项目文件轴网

（4）单击保存按钮，指定保存位置并命名为"JHC—17♯A—1.0"，单击"保存"，将项目保存为".rvt"格式文件，如图 5.3.1-7 所示。

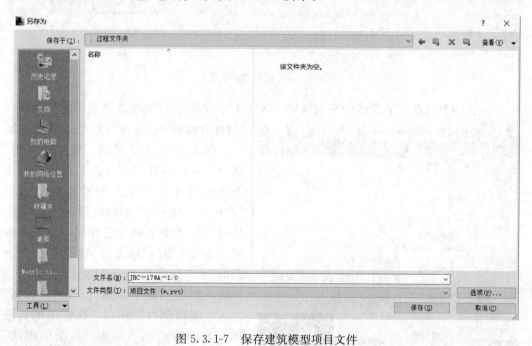

图 5.3.1-7 保存建筑模型项目文件

5.3.2　建筑墙的创建与绘制

在已经建立建筑项目文件的标高和轴网的基础上，开始创建建筑模型。

（1）在"JHC—17♯A—1.0"建筑项目文件中链接 Revit 结构项目模型文件——"JHC—17♯S—1.0"，点击"插入—Revit 链接"命令，在弹出的"管理链接"窗口中点击"添加"，选择对应的结构项目文件"JHC—17♯S—1.0"，点击"打开"即可，如图5.3.2-1 所示。

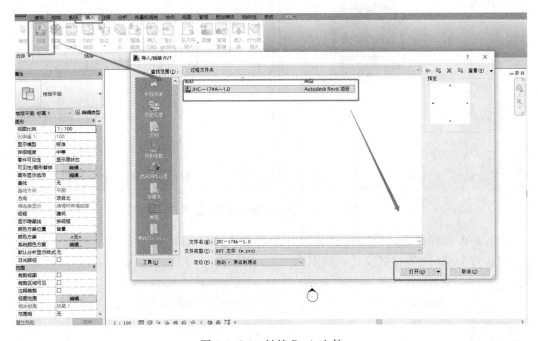

图 5.3.2-1　链接 Revit 文件

（2）切换至标准层 7 层结构平面视图"A _ 7F _ 17.600"，检查并设置结构平面视图

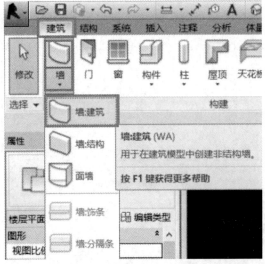

图 5.3.2-2　建筑墙命令

"属性"面板中"规程"为"建筑/协调"。

点击功能区"建筑—墙—建筑墙"命令，自动切换至"修改｜放置墙"上下文选项卡中。在类型选择器中选择"常规 — 200mm"的墙类型，与结构柱、结构梁族类型复制方法相同，点击属性栏"编辑类型"，弹出的"类型属性"对话框中选择此类型进行复制并命名为"300 _ 加气混凝土砌块"；点击"编辑"进入"编辑部件"窗口，在弹出的材质浏览器中搜索到名称为"混凝土砌块"的材质，复制并改为"_ 加气混凝土砌块"，点击确定并将厚度改为 300mm，如图 5.3.2-2～图 5.3.2-4 所示。

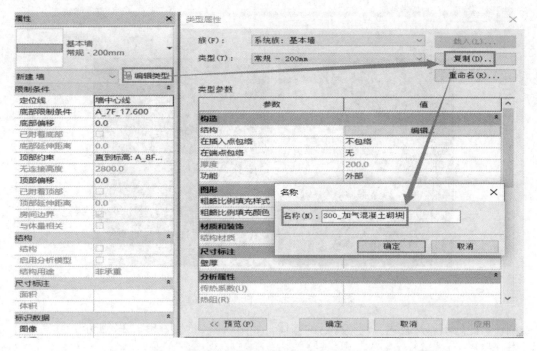

图 5.3.2-3　建筑墙类型复制

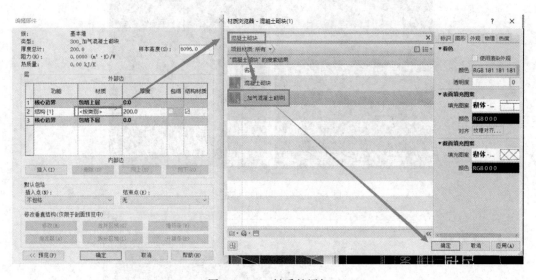

图 5.3.2-4　材质的添加

（3）选项栏和属性栏按图 5.3.2-5 设置，"高度：A _ 8F _ 20.400""定位线：墙中心线"，不勾选"链"和"半径"，"偏移量"为 0；"底部限制条件：A _ 7F _ 17.600""顶部约束：直到标高：A _ 8F _ 20.400"；绘制方式选择合适的方式，此处为"直线"。然后在建筑平面视图中依照 CAD 底图进行墙体的绘制。

（4）如图 5.3.2-5 所示，需调节墙体的上下高度。这里可采用两种方法，一种是选中绘制好后的墙体，分别点击上/下显示出的"小三角"进行移动，移动到梁下紧贴梁后，会有预览虚线可以看到，按 Esc 键退出即完成墙体的调整；另一种方法是采用"对齐"命

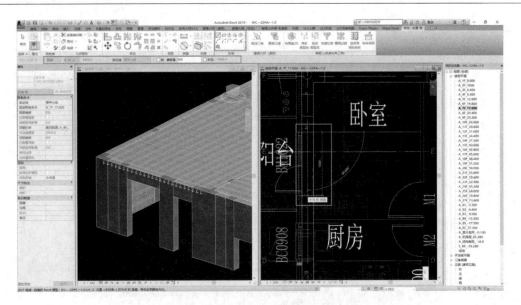

图 5.3.2-5　选项栏和属性栏设置

令调整，此处不展开叙述。调整好后的墙体，如图 5.3.2-6、图 5.3.2-7 所示。

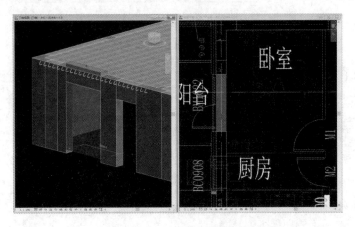

图 5.3.2-6　调节墙体的高度

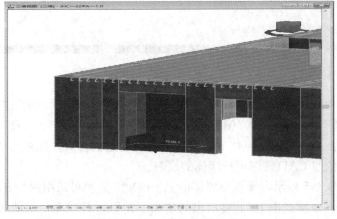

图 5.3.2-7　墙体绘制完成

　　将本层加气块混凝土墙、隔墙及外保温墙用同样方法创建出对应合适类型、添加材质、修改厚度，绘制并调整墙体，最终完成本层墙体的创建（图 5.3.2-8～图 5.3.2-10）。相关参数见表 5.3.2。

墙体相关参数　　　　　　　　　　　　　　　　　　　　　　　　　　表 5.3.2

墙体类型	类型名称	厚度 (mm)	材质选用
外保温墙	155 _ 涂料饰面外保温墙	155	涂料饰面外保温墙
内隔墙	86 _ 轻钢龙骨涂装板 _ 内隔墙	86	轻钢龙骨涂装板墙
	200 _ 轻钢龙骨涂装板 _ 内隔墙	200	
加气混凝土砌块墙	300 _ 加气混凝土砌块墙	100	加气混凝土砌块
	300 _ 加气混凝土砌块墙	200	
	300 _ 加气混凝土砌块墙	300	

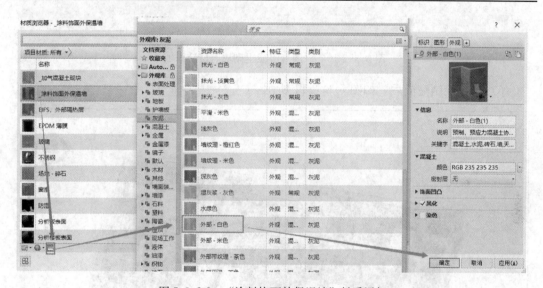

图 5.3.2-8　"涂料饰面外保温墙"材质添加

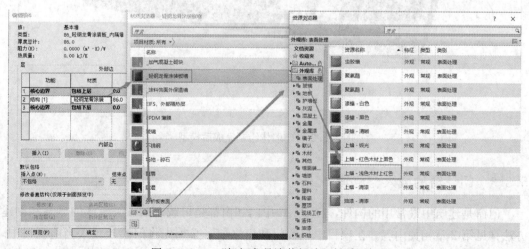

图 5.3.2-9　"轻钢龙骨涂装板墙"材质添加

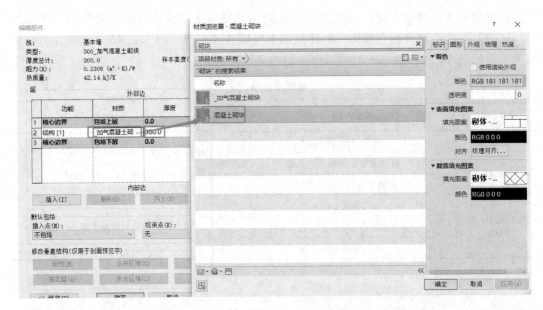

图 5.3.2-10　"加气混凝土砌块"材质添加

（5）墙体绘制完成后，如图 5.3.2-11 所示。

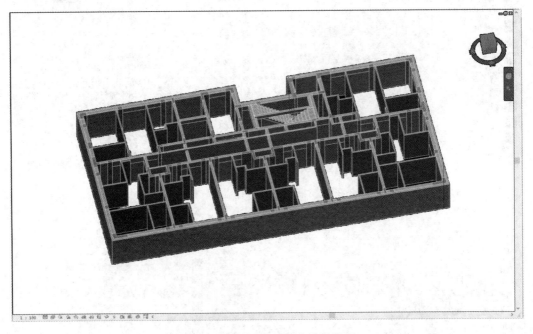

图 5.3.2-11　墙体绘制完成后模型

5.3.3　门、窗的载入与放置

门窗是建筑中最常用的构件，在 Revit 中门和窗都是可载入族。关于族的概念和创建方法详见第 2 章相关内容。在项目中放置门和窗之前，必须先将门窗族载入当前项目中。门和窗都是以墙为主体放置的图元，这种依赖于主体图元而存在的构件称为"基于主体的构件"，且在放置门窗图元时会自动在墙上形成剪切洞口，不用在墙上再开洞口。本节将使用门窗构件为本项目 17 号楼 7 层标准层创建门窗。

1. 门窗属性和类型

单击功能区"建筑→门"命令，功能区显示"修改｜放置门"，如图 5.3.3-1 所示。

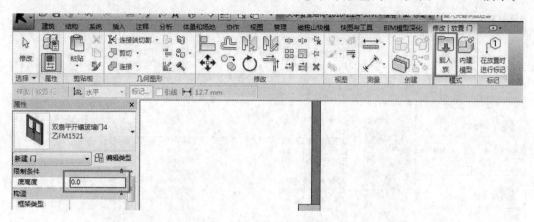

图 5.3.3-1　修改｜放置门

Tips："属性"栏门和窗"底高度"区别：门的"底高度"基本是 0，而窗的"底高度"是窗台高，所以在创建门窗时候需要注意查看一下"底高度"参数。

单击门"属性"栏中的"编辑类型"，打开门的"类型属性"对话框，如图 5.3.3-2

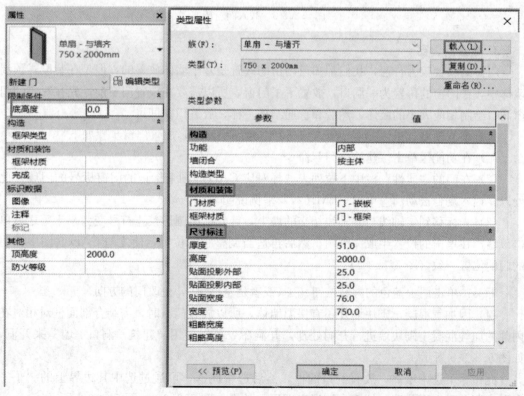

图 5.3.3-2　门类型属性

所示，其中可以载入族、复制新的类型。类型参数中常用来修改的基本参数是材质和尺寸标注，这些参数可以按照项目的需求进行修改。

2. 载入门窗族

按图 5.3.3-3 所示方法载入门窗族。

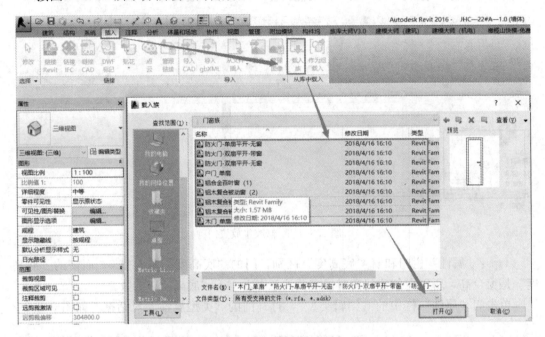

图 5.3.3-3　载入门窗族

3. 放置门、窗

门窗的放置较为普遍，我们都知道门窗的放置是基于墙体放置的，但是在装配式预制墙体中，在门窗的位置为一洞口，放置不了门窗，所以需要在放置门窗前，先在对应的门窗洞口绘制相应大小的墙体，然后和普通结构一样，放置门窗即可。

接上小节模型，进入"A＿7F＿17.600"楼层平面图，放置门窗步骤如下：

（1）在功能区单击"建筑→门"命令。

（2）在门的"属性"栏中下拉列表选择对应 CAD 底图上标记的门窗标号的门族，此处以"铝木复合被动门＿单扇—BM1622"举例说明。

（3）光标移到①轴线与Ⓔ轴线相交的墙上，等光标由圆形禁止符号变为小十字之后单击该墙，在单击的位置生成一个门，然后再适当调整它的位置，使之与 CAD 底图中标明的门的位置一致（图 5.3.3-4）。

Tips：单击门上蓝色的翻转按钮 ↕（或者是空格键），更改门的方向。

（4）因加气混凝土砌块墙外还有保温墙体，所以放置门窗时，需结合剖面框对相对在内部的加气混凝土砌块墙进行开洞处理，开洞命令可以使用"建筑—洞口—墙"来开洞，如图 5.3.3-5 所示。

此命令下选中墙体，放置洞口的框，然后选中此框，可通过选中其边界上的"小三角"来调节到合适位置，按 Esc 键退出即可，效果如图 5.3.3-6～图 5.3.3-8 所示。

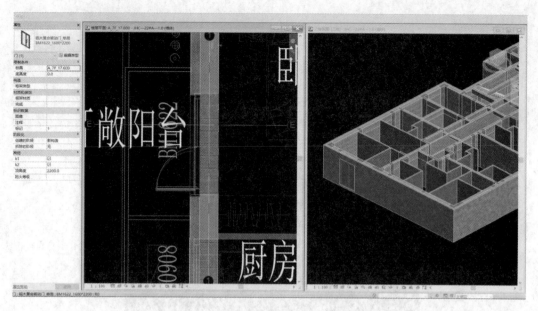

图 5.3.3-4　放置门

图 5.3.3-5　开洞

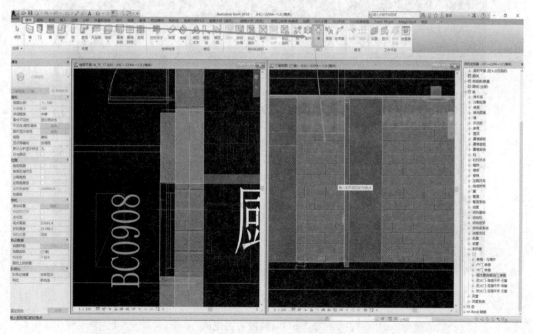

图 5.3.3-6　放置洞口

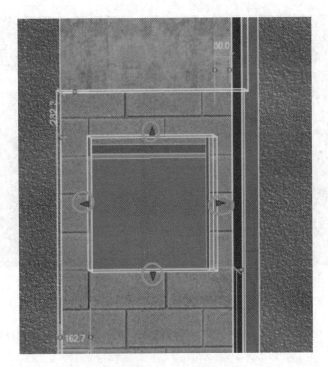

图 5.3.3-7　洞口调整

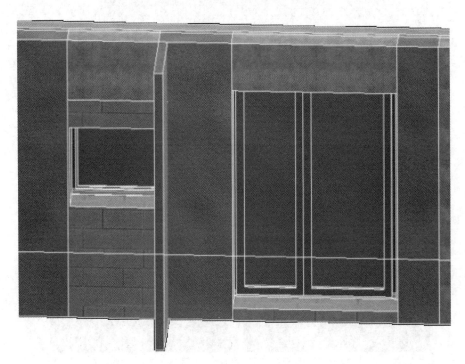

图 5.3.3-8　洞口剪切完成

Tips：放置窗的步骤与上面介绍的门步骤相同，但请注意窗在放置前需将底高度设置为"900"。

（5）本层门窗放置完成，如图 5.3.3-9 所示。

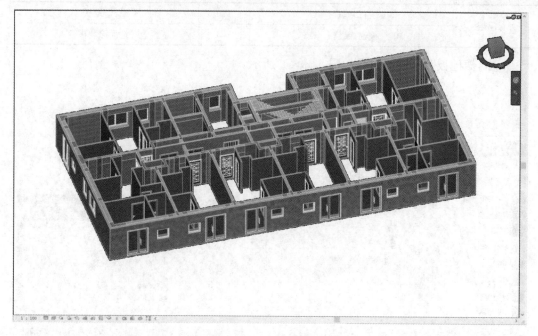

图 5.3.3-9 本层门窗放置完成

5.3.4 楼板的创建与绘制

点击"建筑"选项卡中"楼板—楼板：建筑"，同结构板的创建方法类似，创建合适的楼板类型、设定材质及厚度，材质的选择见表 5.3.4。调整属性对话框中的限制条件——"标高平面、自标高的高度偏移"后，进行楼板边界的绘制，如图 5.3.4-1 所示。

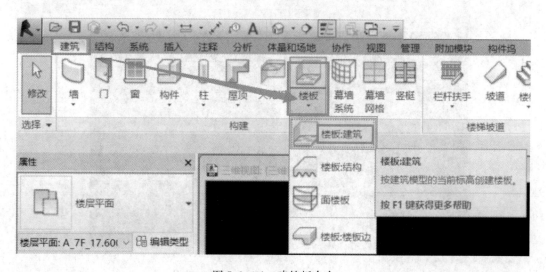

图 5.3.4-1 建筑板命令

楼板类型	类型名称	厚度 (mm)	材质选用
外保温层	120_石塑地板_AS	120	石塑地板
	105_地面涂装板_AS	105	地面涂装板

表 5.3.4 楼板材质

"_石塑地板"材质的添加如图 5.3.4-2 所示。

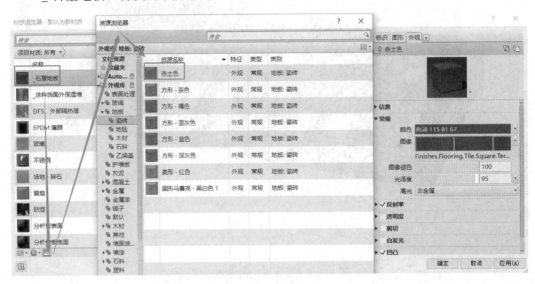

图 5.3.4-2　"_石塑地板"材质的添加

卫生间、厨房区域使用类型为"105_地面涂装板_AS"的楼板类型，且绘制时，其属性栏中限定条件"自标高的高度偏移"设定为"−15"，如图 5.3.4-3 所示。

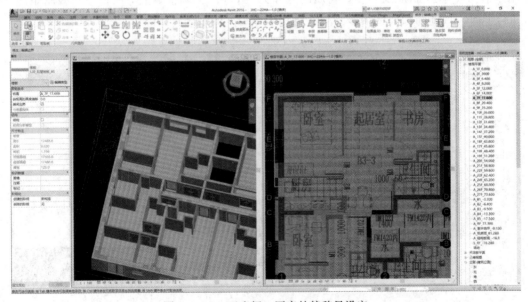

图 5.3.4-3　卫生间、厨房的偏移量设定

同样的方法将本层建筑楼板绘制完如图 5.3.4-4 所示。

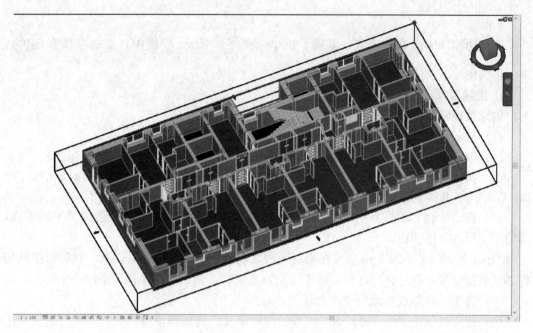

图 5.3.4-4　建筑楼板绘制完成

5.3.5　建筑楼梯模型的放置

因本焦化厂公租房项目 17 号楼中楼梯结构部分为预制构件，在结构部分创建了预制楼梯结构构件族，载入到了结构项目文件中进行了放置，所以此处建筑部分楼梯仍以族的样式创建对应的楼梯建筑模型放置在其中。放置后的建筑模型如图 5.3.5 所示。

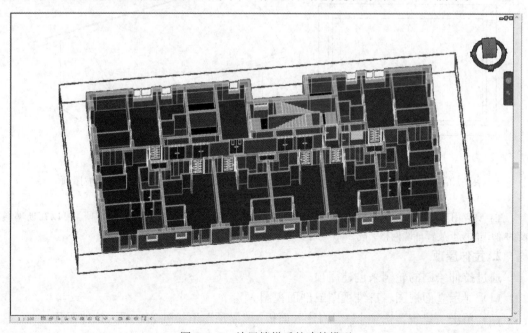

图 5.3.5　放置楼梯后的建筑模型

5.3.6　屋顶的创建

点击功能区—建筑选项卡—屋顶下拉小三角 ![屋顶]，Revit 软件中，绘制屋顶有三种选项：迹线屋顶、拉伸屋顶、面屋顶。

1. 迹线屋顶

创建屋顶时使用建筑迹线定义其边界。

（1）显示楼层平面视图或天花板投影平面视图。

（2）单击"建筑"选项卡 ➤ "构建"面板 ➤ "屋顶"下拉列表 ➤ ▛（迹线屋顶）。

注：如果试图在最低标高上添加屋顶，则会出现一个对话框，提示您将屋顶移动到更高的标高上。如果选择不将屋顶移动到其他标高上，Revit 会随后提示您屋顶是否过低。

（3）在"绘制"面板上，选择某一绘制或拾取工具。若要在绘制之前编辑屋顶属性，请使用"属性"选项板。

Tips：使用"拾取墙"命令可在绘制屋顶之前指定悬挑。在选项栏上，如果希望从墙核心处测量悬挑，请选择"延伸到墙中（至核心层）"，然后为"悬挑"指定一个值。

（4）为屋顶绘制或拾取一个闭合环。

（5）指定坡度定义线。要修改某一线的坡度定义，请选择该线，在"属性"选项板上单击"定义屋顶坡度"，然后可以修改坡度值。

如果将某条屋顶线设置为坡度定义线，它的旁边便会出现符号 ◁，如图 5.3.6-1 所示。

（6）单击 ✔（完成编辑模式），然后打开三维视图，如图 5.3.6-2 所示 。

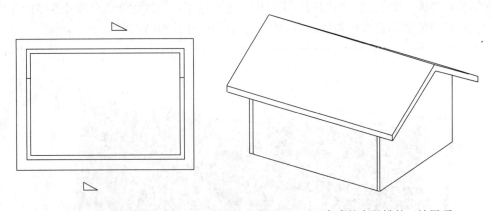

图 5.3.6-1　设置坡度定义线　　　　图 5.3.6-2　完成的有悬挑的双坡屋顶

注：要应用玻璃斜窗，请选择"屋顶"，然后在"类型选择器"中选择"玻璃斜窗"。可以在玻璃斜窗的幕墙嵌板上放置幕墙网格。按 Tab 键可在水平和垂直网格之间切换。

2. 拉伸屋顶

通过拉伸绘制的轮廓来创建屋顶。

（1）显示立面视图、三维视图或剖面视图。

（2）单击"建筑"选项卡 ➤ "构建"面板 ➤ "屋顶"下拉列表 ➤ ◸（拉伸屋顶）。

（3）指定工作平面。

（4）在"屋顶参照标高和偏移"对话框中，为"标高"选择一个值。默认情况下，将选择项目中最高的标高。

（5）要相对于参照标高提升或降低屋顶，请为"偏移"指定一个值。Revit 以指定的偏移放置参照平面。使用参照平面，可以相对于标高控制拉伸屋顶的位置。

（6）绘制开放环形式的屋顶轮廓，如图 5.3.6-3 所示 。

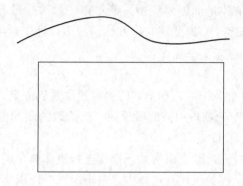

图 5.3.6-3　使用样条曲线工具绘制的屋顶轮廓

（7）单击 ✔（完成编辑模式），然后打开三维视图，如图 5.3.6-4 所示 。

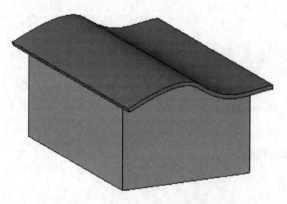

图 5.3.6-4　完成的拉伸屋顶

根据需要将墙附着到屋顶。创建拉伸屋顶后，可以变更屋顶主体，或编辑屋顶的工作平面。

3. 面屋顶

使用"面屋顶"工具在体量的任何非垂直面上创建屋顶，如图 5.3.6-5 所示 。

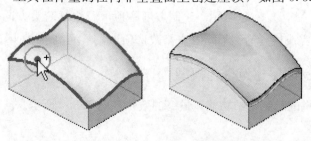

图 5.3.6-5　快速生成体量屋顶

要从体量面创建屋顶。

（1）打开显示体量的视图。

（2）单击"体量和场地"选项卡 ➤"面模型"面板 ➤ ⬜（面屋顶）。

（3）在类型选择器中，选择一种屋顶类型。

（4）如果需要，可以在选项栏上指定屋顶的标高。

（5）（可选）要从一个体量面创建屋顶，请单击"修改｜放置面屋顶"选项卡 ➤"多重选择"面板 ➤ 🔳（选择多个）以禁用它（默认情况下，处于启用状态）。

（6）移动光标以高亮显示某个面。

（7）单击以选择该面。

如果已清除"选择多个"选项，则会立即将屋顶放置到面上。

Tips：通过在"属性"选项板中修改屋顶的"已拾取的面的位置"属性，可以修改屋顶的拾取面位置（顶部或底部）。

（8）如果已启用"选择多个"，请按如下操作选择更多体量面：

1）单击未选择的面以将其添加到选择中。单击所选的面以将其删除。

光标将指示是正在添加（＋）面还是正在删除（－）面。

2）要清除选择并重新开始选择，请单击"修改｜放置面屋顶"选项卡 ➤"多重选择"面板 ➤ 🔳（清除选择）。

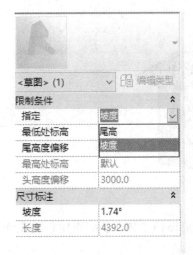

图 5.3.6-6　在属性栏中选择坡度
绘制方式

3）选中所需的面以后，单击"修改｜放置面屋顶"选项卡 ➤"多重选择"面板 ➤"创建屋顶"。

此处以焦化厂公租房项目 17 号楼屋顶为例，选用第一种及"迹线屋顶"方式进行屋顶的绘制。将屋顶平面图导入 Revit 中，从图纸中看出屋顶具有坡度，以⑥轴与Ⓐ轴交界处的屋顶为例，坡度为 1％，换算成倾斜角度为 1.74°，点击功能区建筑—屋顶—迹线屋顶命令，进入屋顶绘制区域，首先绘制屋顶边界线，

，在选项卡处不勾选定义坡度选项

，然后绘制坡度箭头，此处屋顶的倾斜角度为 1.74°，更改坡度箭头属性栏中的限制条件为坡度，并更改坡度为 1.74°，如图 5.3.6-6 所示。绘制坡度屋顶，需注意箭头方向，箭头所指为向上倾斜的方向。绘制完成坡度箭头后，点击修改选项卡 ✔，完成此块屋顶的绘制。

5.3.7　17 号楼标准层建筑楼体模型

采用 Revit 提供的复制粘贴功能，最终的效果如图 5.3.7 所示。

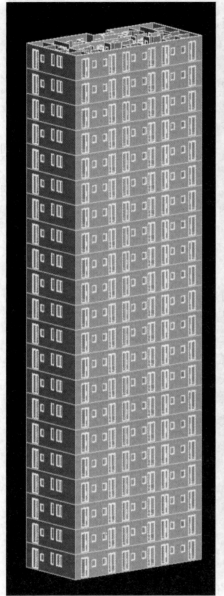

建筑模型左前视图   建筑模型右后视图

图 5.3.7   17 号楼标准层建筑楼体模型

课 后 习 题

一、单项选择题

1. 关于弧形墙的修改下面说法正确的是（　　）。

A. 弧形墙不能插入门窗

B. 弧形墙不能应用"编辑轮廓"命令

C. 弧形墙不能应用"附着顶/底"命令

D. 弧形墙不能应用"墙洞口"命令

2. 创建楼板时，在修改栏中绘制楼板边界不包含的命令有（　　）。

A. 边界线　　　　　　　　　　　　　B. 跨方向

C. 坡度箭头　　　　　　　　　　　　D. 默认高度

3. 以下不包含在 Revit【结构】—【基础】中的命令是（　　）。

A. 条形　　　　　　B. 独立　　　　　　C. 筏板　　　　　　D. 板

4. 在平面视图中创建门之后，按以下（　　）能切换门的方向。

A. Shift 键　　　　　B. Alt 键　　　　　C. 空格键　　　　　D. 回车键

5. 以下（　　）属于基于主体的构件。

A. 楼梯　　　　　　B. 栏杆　　　　　　C. 窗户　　　　　　D. 钢筋

6. 在绘制屋顶轮廓的时候，用"△"符号表示屋顶的（　　）。

A. 倾斜方向　　　　　　　　　　　　B. 轮廓方向

C. 边界线偏移　　　　　　　　　　　D. 坡度

二、多项选择题

1. 关于创建屋顶所在视图说法正确的是（　　）。

A. 迹线屋顶可以在立面视图和剖面视图中创建

B. 迹线屋顶可以在楼层平面视图和天花板投影平面图中创建

C. 拉伸屋顶可以在立面视图和剖面视图中创建

D. 拉伸屋顶可以在楼层平面视图和天花板投影平面视图中创建

E. 迹线屋顶和拉伸屋顶都可以在三维视图中创建

2. Revit 视图"属性"面板"规程"参数中包含的类型有（　　）。

A. 建筑　　　　　　　　　　　　　　B. 结构

C. 电气　　　　　　　　　　　　　　D. 暖通

E. 给水排水

3. 在【建筑】选项栏中的【洞口】命令下具体包含（　　）功能。

A. 垂直洞口　　　　　　　　　　　　B. 水平洞口

C. 竖井洞口　　　　　　　　　　　　D. 面洞口

E. 老虎窗洞口

4. 在 Revit 软件中，绘制屋顶的方法有（　　）。

A. 迹线屋顶　　　　　　　　　　　　B. 拉伸屋顶

C. 面屋顶　　　　　　　　　　　　　D. 轮廓屋顶

参考答案

一、单项选择题

1. A　　2. D　　3. A　　4. C　　5. C　　6. D

二、多项选择题

1. ABE　　2. ABC　　3. ACDE　　4. ABC

第 6 章　装配式建筑给水排水建模基础

本章导读

从本章开始，将以某公租房项目 17 号楼为案例，在 Revit 中开始创建机电模型。通过实际案例的模型建立过程，让读者了解给水排水专业的建模基础。

第 1 节介绍创建机电项目的准备事项，包括机电样板的选择、标高轴网的复制、机电模型信息的色彩规定。

第 2 节介绍用 Revit 创建此项目 17 号楼的管道系统的详细方法和步骤。

6.1　创建机电项目准备事项

6.1.1　机电项目样板

首先打开 Revit 2016，点击界面中的新建，弹出新建项目样板，如图 6.1.1-1 所示。

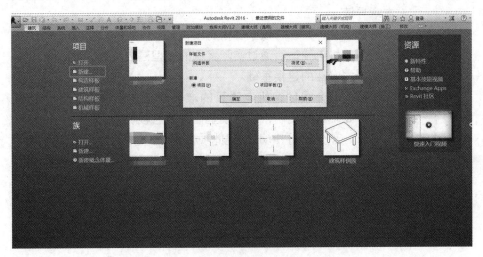

图 6.1.1-1　新建项目样板

点击浏览选项，可以看到不同的样板，主要包括：Mechanical-DefaultCHSCHS. rte，管道（给水排水）样板：Plumbing-DefaultCHSCHS. rte，机械样板：Mechanical-DefaultCH-SCHS. rte，电气样板：Electrical-DefaultCHSCHS. rte 和系统样板：Systems-DefaultCH-SCHS. rte，前三个样板文件分别对应了机电项目中的风管、水管、电缆桥架，而系统样板则是包括了这三个样板中的风管、管道和电缆桥架的族类型，如图 6.1.1-2 所示。

图 6.1.1-2　样板的分类

在之前书中提到的"选项"按钮下的"文件位置"选项中，我们可以轻松将常用的项目样板固定到起始界面，如图 6.1.1-3 所示。

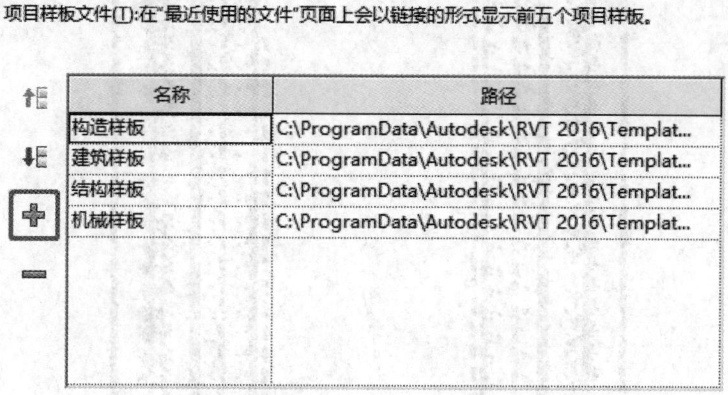

项目样板文件(T):在"最近使用的文件"页面上会以链接的形式显示前五个项目样板。

名称	路径
构造样板	C:\ProgramData\Autodesk\RVT 2016\Templat...
建筑样板	C:\ProgramData\Autodesk\RVT 2016\Templat...
结构样板	C:\ProgramData\Autodesk\RVT 2016\Templat...
机械样板	C:\ProgramData\Autodesk\RVT 2016\Templat...

图 6.1.1-3　调整项目样板

6.1.2　模型展示

模型展示如图 6.1.2-1、图 6.1.2-2 所示。

风管模型左前视图　　　　风管模型右后视图

图 6.1.2-1　管道模型

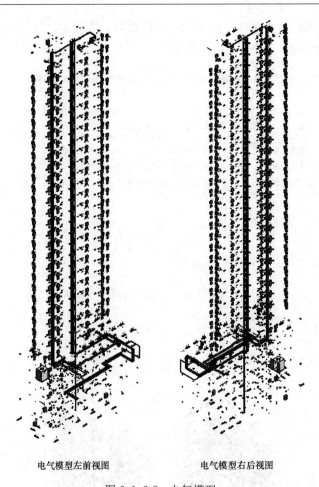

电气模型左前视图　　　　　　　电气模型右后视图

图 6.1.2-2　电气模型

TIPS：利用 Revit 查看图形时，为了更方便地查看，可以利用"WT"快捷键，进行窗口平铺。由于绘制过程中要进行多次视图的切换，会打开很多隐藏窗口，对于这些隐藏窗口，可以进行关闭。在选项栏中点击关闭命令，如图 6.1.2-3 所示。

图 6.1.2-3　关闭隐藏窗口

6.1.3　创建项目

按照 6.1.1 小节中的步骤，新建一个项目，样板选择系统样板，点击确定，进入绘制界面。在该视图中，可以清楚地看出与其他样板的不同，如图 6.1.3-1、图 6.1.3-2 所示。

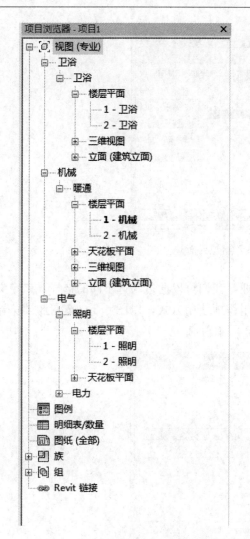

图 6.1.3-1　系统样板浏览器组织

图 6.1.3-2　建筑样板浏览器组织

我们可以选择更为适合自己个人的浏览器组织，通过视图选项卡—窗口功能区—用户界面命令，点击浏览器组织，跳转到浏览器组织窗口，如图 6.1.3-3、图 6.1.3-4 所示。

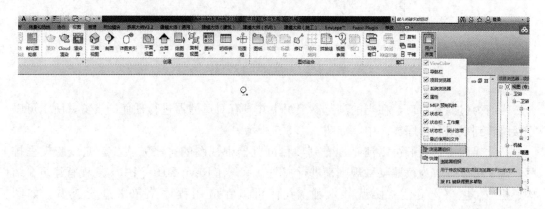

图 6.1.3-3　浏览器组织命令

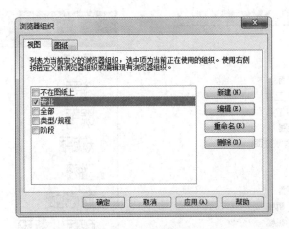

图 6.1.3-4　浏览器组织界面

在浏览器组织界面，当前视图选择的是专业，我们可以通过勾选不同的选择，来定义视图。通过点击编辑命令来深入地了解浏览器组织地使用方式，以图 6.1.3-2 专业浏览器组织为例，点击编辑命令，跳转到如图 6.1.3-5 所示窗口。

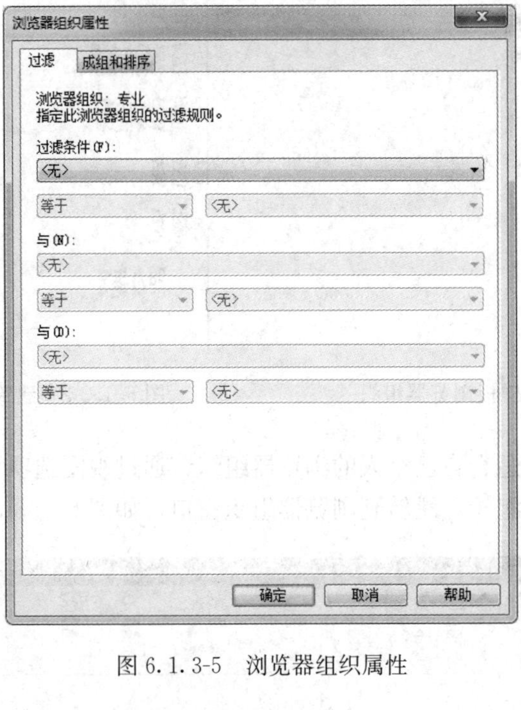

图 6.1.3-5　浏览器组织属性

当前为过滤器窗口，在当前浏览器组织中并没有对过滤器进行任何的设置，所以可以直接跳转到成组和排序界面中，如图 6.1.3-6 所示。

在此界面中，我们可以清晰地看到项目浏览器中视图的排序方式。首先按照规程排序，规程可以理解为按照某种规则来进行视图显示，在 Revit 2016 当中，规程有建筑、结构、机械、电气、卫浴、协调共六种。我们可以在应用程序菜单中进行查看，如图 6.1.3-7 所示。

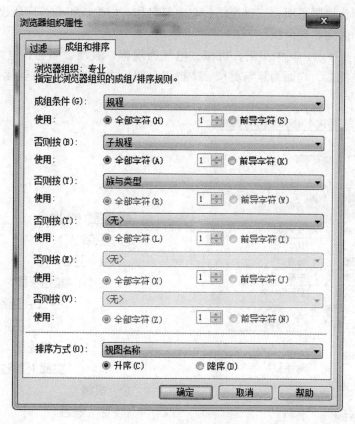

图 6.1.3-6 成组和排序

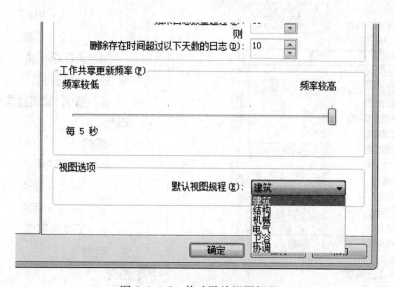

图 6.1.3-7 修改默认视图规程

Revit 2016 中,规程是无法被新建或者是删除的,那么为了满足不同的需求,软件支持我们可以在不同的规程下面新建子规程,比如,可在楼层平面的属性对话框中去修改子规程(在平面视图当中不选中任何构件即可看到楼层平面的属性对话框),如图 6.1.3-8 所示。

　　族与类型即为楼层平面、三维视图、立面等名称，根据成组和排序所设定的规则，即生成我们所看到的浏览器组织。

　　如图 6.1.3-9 所示。其中卫浴、机械、电气为规程，暖通、照明、电力、为子规程，楼层平面、三维视图、立面为族与类型。掌握以上知识之后即可对浏览器组织进行自定义修改。

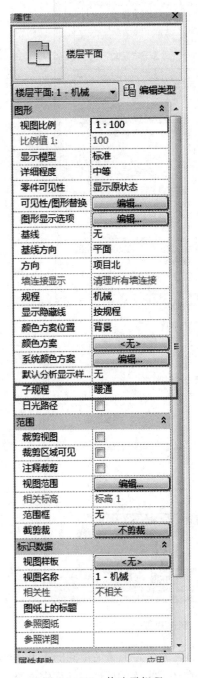

图 6.1.3-8　修改子规程

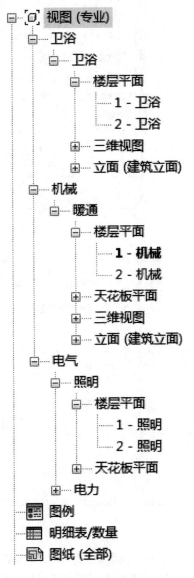

图 6.1.3-9　项目浏览器

同样在 Revit 2016 中也可以复制现有标高视图后将其添加到新的子规程当中去，在项目浏览器中选择任意平面，点击右键，复制视图。复制工具将复制该视图。带细节复制工具将复制该视图，并包含视图专有图元（例如详图构件和尺寸标注），如图 6.1.3-10～图 6.1.3-13 所示。

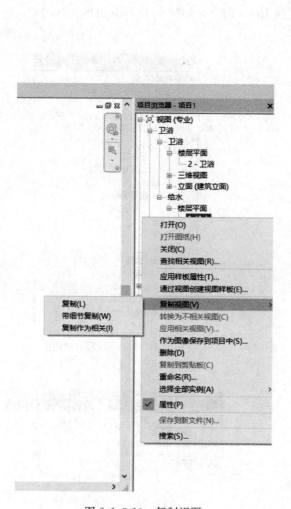

图 6.1.3-10　复制视图

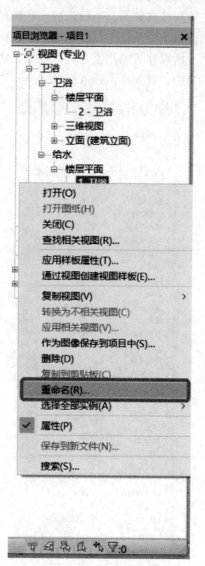

图 6.1.3-11　重命名

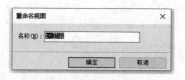

图 6.1.3-12　重命名视图

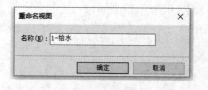

图 6.1.3-13　命名为 1—给水

153

复制 1—给水，并将其重命名为 1—卫浴，按上述进行操作。完成以后，点击 1—卫浴，在属性面板中，将其子规程更改为卫浴，如图 6.1.3-14 所示。

点击应用，完成更改，如图 6.1.3-15 所示。

按照上述过程，对项目进行子规程的更改。完成更改，进行轴网的绘制，在这里用到复制监视标高轴网。一般来说，在机电专业建模开始之前，建筑专业及结构专业应该已经有初步的模型及较为具体的轴网了，而且由于机电专业的模型是不能脱离建筑结构独立存在的，所以在机电建模之前，一般会将已有的建筑专业模型或者结构专业模型链接到机电项目当中。首先点击插入选项卡——链接 Revit 命令，如图 6.1.3-16 所示。

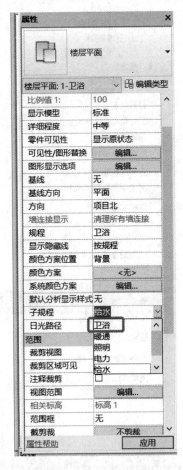

图 6.1.3-14　更改子规程

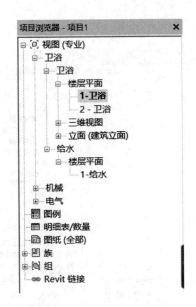

图 6.1.3-15　修改后的视图

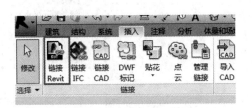

图 6.1.3-16　链接 Revit

单击链接 Revit 之后选择建筑结构模型，然后选择定位方式为自动—原点到原点，点击打开，如图 6.1.3-17 所示。

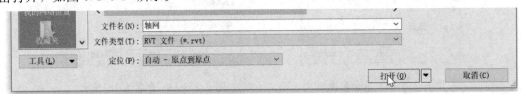

图 6.1.3-17　定位方式为自动—原点到原点

链接好之后，点击进入任意立面，对其标高轴网进行复制。点击选型卡中协作命令栏中的复制/监视命令下的选择链接，如图 6.1.3-18 所示。

点击选择链接之后，直接点击被链接进来的项目文件，当鼠标放在链接文件上的时候，该文件周围会有一圈蓝框，鼠标附近区域也会显示选择的链接文件，如图

图 6.1.3-18 复制监视命令

6.1.3-19 所示。注意在点击选择链接之后不要点击空白处，否则该命令会消失，需要重新点击该命令方可。

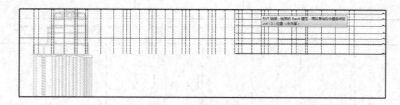

图 6.1.3-19 选择链接文件

当选择完成之后，软件会自动跳转到复制监视选项卡，点击复制命令，再点击多个，框选所有的标高，点击完成，完成复制监视，对于轴网也进行相同的命令，如图 6.1.3-20～图 6.1.3-22 所示。

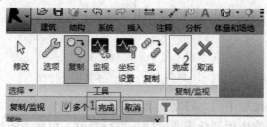

图 6.1.3-20 完成命令

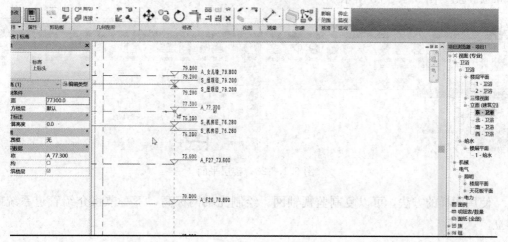

图 6.1.3-21 标高完成图

155

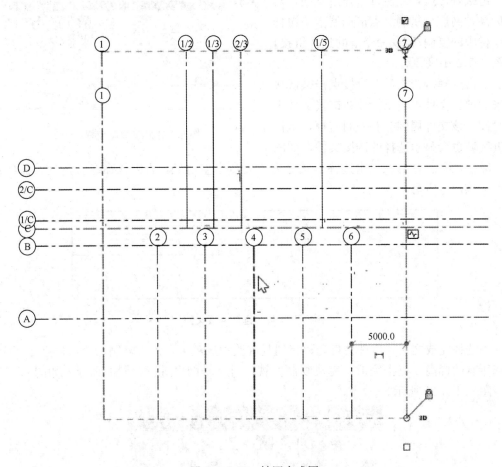

图 6.1.3-22 轴网完成图

完成后，我们点击楼层平面，将复制出来的标高新建平面视图，在新建楼层平面窗口中选择编辑类型，将查看应用到新视图的样板进行修改，可在不同规程下面新建视图，如图 6.1.3-23～图 6.1.3-25 所示。

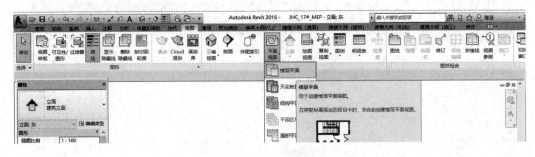

图 6.1.3-23 楼层平面

使用同样的方法，可以复制监视轴网。绘制完轴网标高，下一节将介绍管道系统的建立。

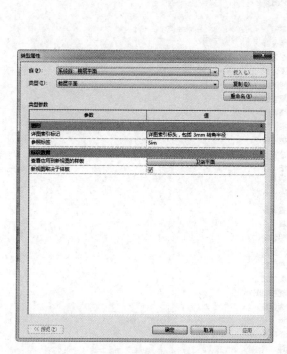

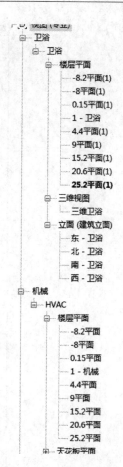

图 6.1.3-24　修改查看应用到新视图的样板进行　　图 6.1.3-25　在多个规程下面新建平面视图

6.2　管道系统的创建

6.2.1　管道系统

在项目浏览器—族当中可以找到管道系统，如图 6.2.1-1 所示。

在软件当中，预设了卫生设备、家用冷水、循环供水等 11 种管道系统，并且这 11 种管道系统同样也是管道的系统分类，关于管道的系统也分为很多等级，系统分类与系统类型的关系与前面讲过的规程与子规程有些类似，系统分类不可新建，不可删除，系统类型可以新建及删除，但是每个系统分类的最后一个系统类型不能删除，图 6.2.1-1 中，如果我们想删除家用冷水系统，那么就会弹出如图 6.2.1-2 所示的错误对话框。

如果通过右键家用冷水系统复制新建出新的管道系统，即可将旧的管道系统删除，因为系统分类同样是 11 个没有增减，可以在项目浏览器当中双击各个管道系统去查看管道系统所对应的管道分类，如图 6.2.1-3 所示。

我们可以在此窗口中通过右上方的复制命令来新建新的管道系统，也可以在项目浏览器中单击某个管道系统，然后右键复制，最后将新建出来的管道系统进行重命名即可。在

157

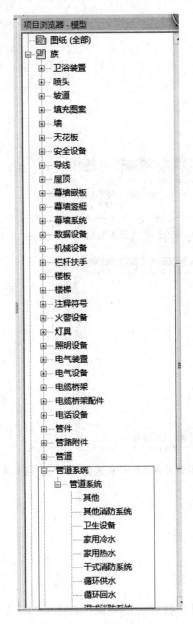

图 6.2.1-1　管道系统

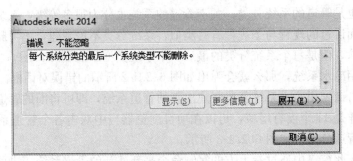

图 6.2.1-2　错误提示

本章中，将项目浏览器中的家用冷水，通过复制，重命名更改为给水（图 6.2.1-4）。

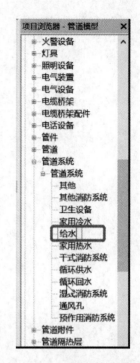

图 6.2.1-3　管道系统类型属性　　　　图 6.2.1-4　更改管道系统

在复制新建管道系统的时候，需要注意的是，由于管道系统的不同，所对应的计算公式也就不同，在复制的时候需要注意被复制的管道系统的系统分类，比如，如果采暖供水是通过其他消防系统复制新建出来的，那么在水力计算或者是其他的 Revit 插件中进行计算的话是没有办法计算管道中所携带的能量的。

6.2.2　管道设置

点击选项卡系统命令栏中的管道命令，在属性面板中点击编辑类型，进入编辑界面。点击编辑布管系统配置，进入编辑界面，如图 6.2.2-1～图 6.2.2-3 所示。

图 6.2.2-1　新建管道

在布管系统配置（图 6.2.2-4）的界面中，可以看到管段的名称及其材质、最大尺寸、最小尺寸，根据项目的要求，需要添加弯头、三通、四通等族，将这些族插入到项目里面，可以防止在绘制过程中，不会自动生成这些链接，有的会报错。

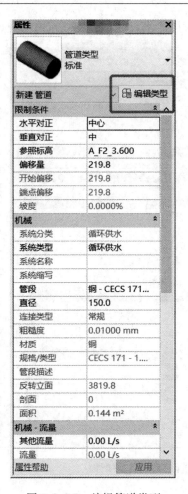

图 6.2.2-2　编辑管道类型

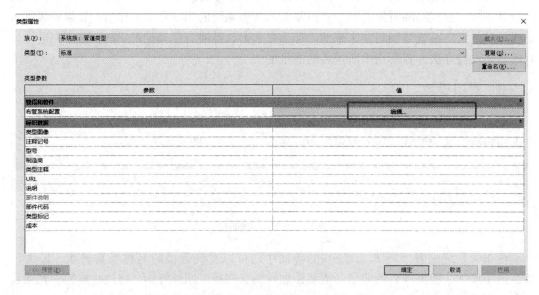

图 6.2.2-3　编辑布管系统配置

点击关闭，回到类型属性界面，点击复制，然后新建一个给水管道类型，如图6.2.2-5 所示。

图 6.2.2-4 布置系统配置

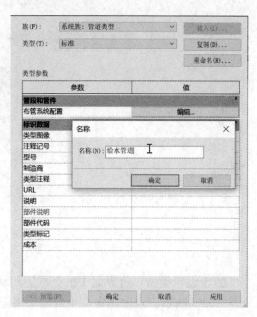

图 6.2.2-5 复制新建管道

点击确定，回到平面视图。点击项目浏览器中的卫浴，在卫浴的楼层平面中，需要复制标高，注意其对应的规程问题。点击选项卡中视图命令下的平面视图中的楼层平面，取消勾选不复制现有视图，选择全部的楼层，取消标高一和标高二的选择，点击确定，如图6.2.2-6、图 6.2.2-7 所示。

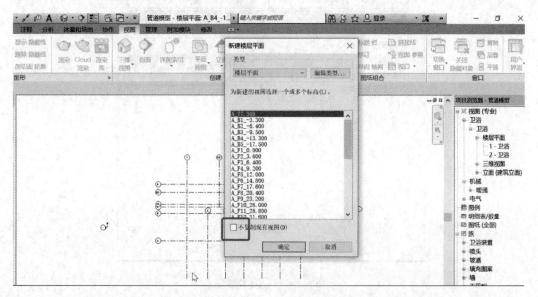

图 6.2.2-6 新建楼层平面

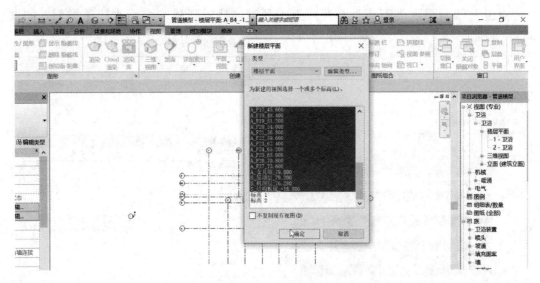

图 6.2.2-7 选择楼层

点击编辑类型，将界面中的查看应用到新视图的样板更改为卫浴平面，如图6.2.2-8、图 6.2.2-9 所示。点击确定，生成楼层平面。

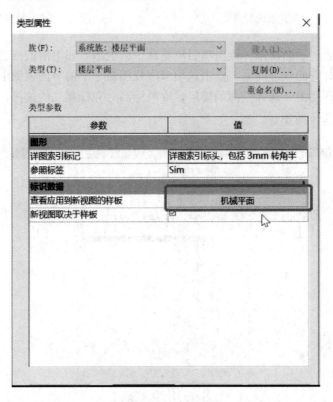

图 6.2.2-8 类型属性

点击 F7，点击选项栏中的管道命令，进行绘制。在绘制前，将属性面板中的系统类型更改为给水，如图 6.2.2-10 所示。

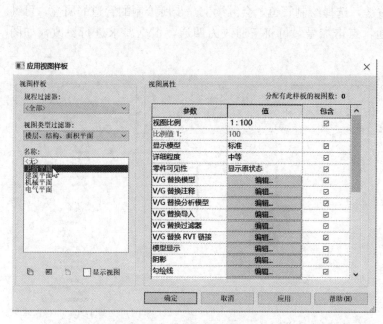

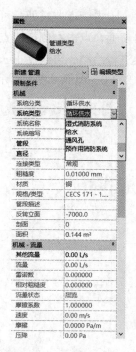

图 6.2.2-9　更改应用视图样板　　　　　　图 6.2.2-10　更改系统类型

根据项目的要求，对于管道的直径以及偏移量可以进行修改，如图 6.2.2-11 所示。

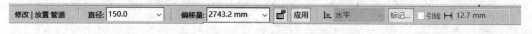

图 6.2.2-11　更改管径及偏移量

6.2.3　管道的绘制

上一节主要对管道进行了设置，这一节将进行管道的绘制。在这里我们可以先画一条直的管道，点击完成之后，再绘制一条竖的管道，这两条管道连接的地方系统会通过计算自动生成，如图 6.2.3-1 所示。

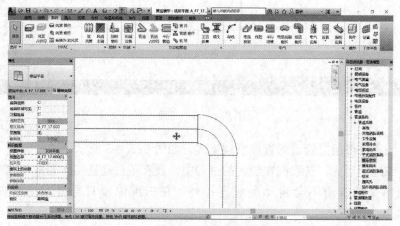

图 6.2.3-1　管道连接

　　点击管道连接处，可以看到两个加号，点击加号，连接处会变成一个三通的接头。点击三通，点击右侧拖拽点右键，选择绘制管道，会继续上一步所绘制的管道的属性，可继续进行绘制。再次点击三通，点击加号，可将三通改为四通，根据要求进行更改，如图 6.2.3-2～图 6.2.3-4 所示。

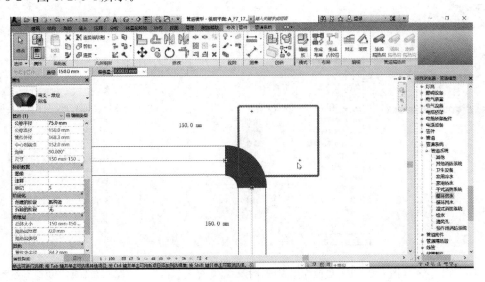

图 6.2.3-2　管道连接

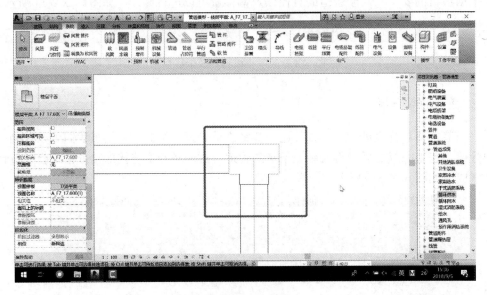

图 6.2.3-3　三通

　　三通、四通也可通过管道的直接绘制生成，如图 6.2.3-5 所示。

　　三通、四通的形成，是我们在绘制的过程中，设置了自动连接，若取消自动连接这个选项，绘制出来的管道不会自动生成连接件，在三维中也只会显示一个碰撞，如图 6.2.3-6～图 6.2.3-8 所示。

　　在项目中，有些连接的管道，直径不一样，在绘制的时候，直接更改管道的尺寸，它

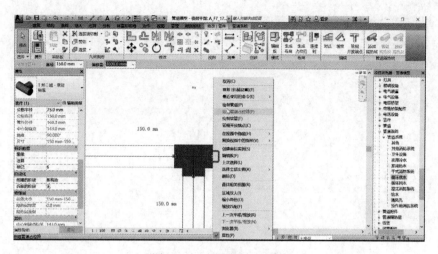

图 6.2.3-4　选择绘制管道

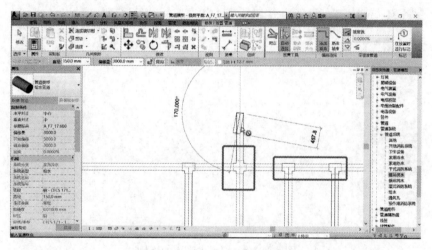

图 6.2.3-5　三通、四通的形成

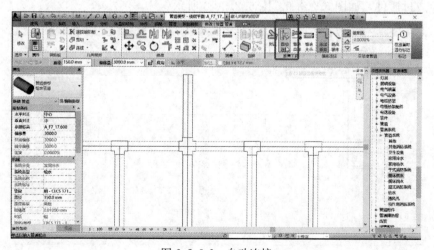

图 6.2.3-6　自动连接

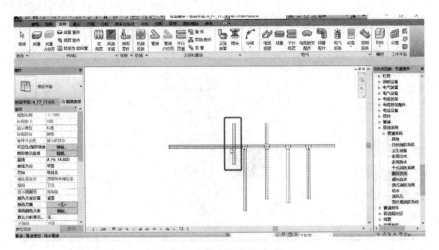

图 6.2.3-7　管道的连接

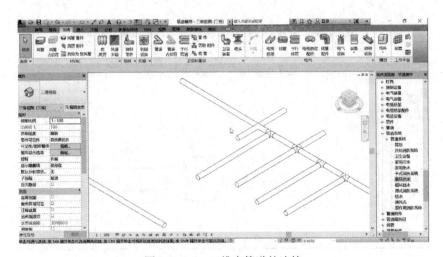

图 6.2.3-8　三维中管道的连接

会自动生成过渡件，如图 6.2.3-9、图 6.2.3-10 所示。

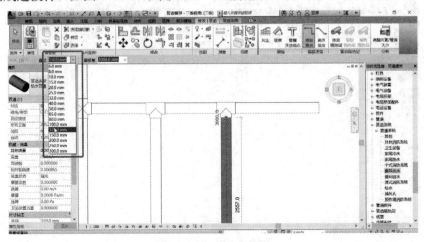

图 6.2.3-9　更改直径

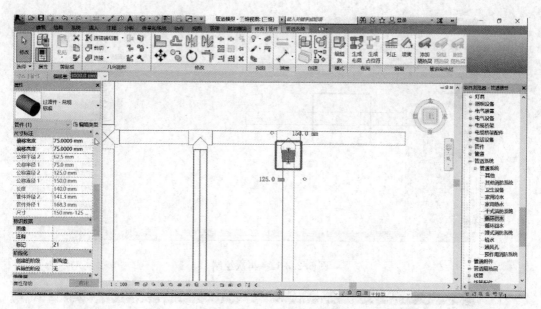

图 6.2.3-10 过渡件的形成

对于立管的绘制，举例绘制一个立管。点击管道，绘制一段管道，更改偏移量，再点击应用，在管道的末端会出现一个圆形的剖面，再次进行绘制，会形成一个立管，如图6.2.3-11、图 6.2.3-12 所示。

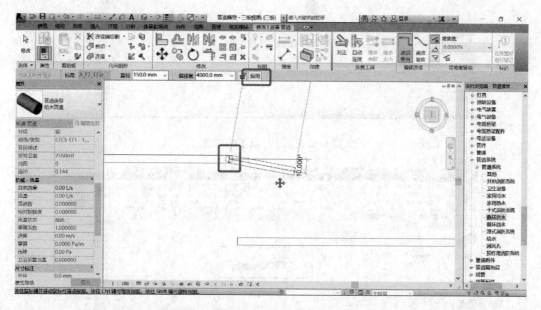

图 6.2.3-11 绘制立管

图 6.2.3-13、图 6.2.3-14 为三维旋转的视图，一根立管就绘制完成了。

若绘制的立管没有图 6.2.3-14 框选的那一部分，绘制方法会有所不同。还是绘制一段管道，然后修改偏移量，点击两次应用，完成管道的绘制。两次点击应用，第一次是应用的偏移量，第二次应用为管道的绘制完成，如图 6.2.3-15 所示。

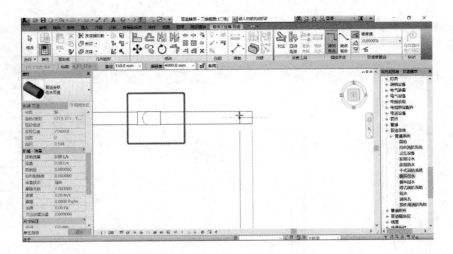

图 6.2.3-12　再次绘制

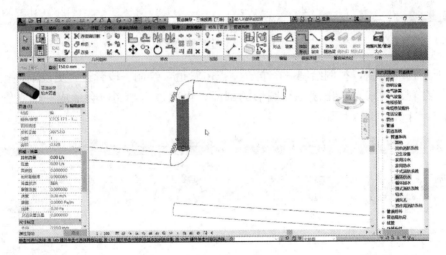

图 6.2.3-13　三维下的立管

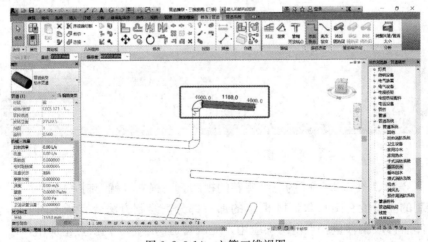

图 6.2.3-14　立管三维视图

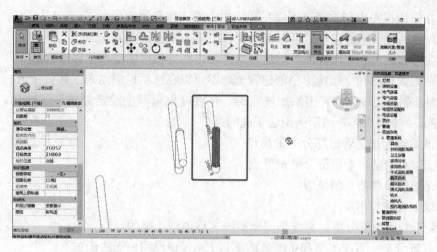

图 6.2.3-15　两种立管的区别

　　管道的绘制方式如上所述，绘制的要求根据项目来进行绘制，图 6.2.3-16 为绘制完成的管道分布图。

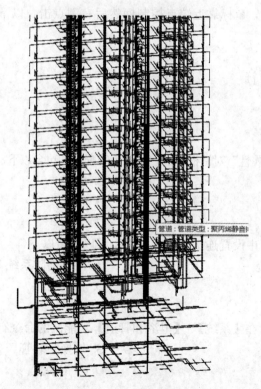

图 6.2.3-16　管道完成图

课 后 习 题

一、单项选择题

1. 关于在平面视图和立面视图创建管道的说法正确的是(　　)。

A. 在平面视图中创建管道可以在选项栏中输入偏移量数值

B. 在立面视图中创建管道可以在选项栏中输入偏移量数值

C. 在平面视图和立面视图中创建管道都可以在选项栏中输入偏移量数值

D. 在平面视图和立面视图中创建管道都不可以在选项栏中输入偏移量数值

2. 为已创建无坡度的管道添加坡度时，在坡度编辑器中设定好坡度纸之后，会在管道端点显示一个箭头，则该箭头说法正确的是（　　）。

A. 该端点为选定管道部分的最高点

B. 该端点为选定管道部分的最低点

C. 无法切换该箭头的位置

D. 以上说法都不对

3. 关于管道系统分类，系统类型和系统名称说法正确的是（　　）。

A. 系统分类、系统类型和系统名称都是 Revit 预设用户无法添加

B. 系统分类和系统类型是 Revit 预设用户无法添加，用户可以添加系统名称

C. 系统分类是 Revit 预设用户无法添加，用户可以添加系统类型和系统名称

D. 用户可以添加系统分类、系统类型和系统名称

4. 选中一段管道，鼠标靠近端点控制柄然后右键点击，以下不包含在弹出对话框中的命令为（　　）。

A. 绘制管道

B. 绘制管道占位符

C. 绘制软管

D. 绘制管件

二、多项选择题

1. 在管道"类型属性"对话框下的"布管系统配置"包含以下（　　）构件设置（　　）。

A. 三通　　　　　　　　　　　　B. 管段

C. 连接　　　　　　　　　　　　D. 活接头

E. 过渡件

2. 在卫浴装置族中设置连接件系统分类，可以旋转以下（　　）类型。

A. 干式消防系统　　　　　　　　B. 湿式消防系统

C. 家用回水　　　　　　　　　　D. 通气管

E. 通水管

3. 选出以下包含在【系统】-【卫浴和管道】功能区的命令有（　　）。

A. 平行管道　　　　　　　　　　B. 转换为软管

C. 管路附件　　　　　　　　　　D. 卫浴装置

E. 预制零件

参考答案

一、单项选择题

1. A　　　　2. B　　　　3. C　　　　4. D

二、多项选择题

1. BCDE　　　2. ABD　　　3. ACD

第7章 装配式建筑通风系统建模基础

在上一章中，我们介绍了装配式给水排水的绘制，这一章我们将介绍通风系统的绘制。在上一章中，我们介绍了在 Revit 2016 中的几种不同的样板：Mechanical-DefaultCHSCHS. rte，管道（给水排水）样板：Plumbing-DefaultCHSCHS. rte，机械样板：Mechanical-DefaultCHSCHS. rte，电气样板：Electrical-DefaultCHSCHS. rte 和系统样板：Systems-DefaultCHSCHS. rte，在绘制通风系统中我们将用到其中的机械样板：Mechanical-DefaultCHSCHS. rte。

本节我们将开始学习如何绘制风管，在进行绘制风管前我们先了解绘制风管使用的机械样板（Mechanical-DefaultCHSCHS. rte），打开机械样板后就可以从项目浏览器中看到有两种规程，分别是卫浴和机械，如图 7-1 所示。

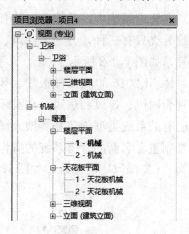

图 7-1　机械样板项目浏览器

7.1 创建风管系统

打开 Revit 2016，点击新建，新建一个项目样板，选择 Mechanical-DefaultCH-SCHS.rte 这个样板如图 7.1-1 所示，点击确定，进入绘图界面。

图 7.1-1 选择项目样板

在管道系统中，系统分类共有 11 种，那么在风管系统中，系统分类只有三种，分别为回风、排风、送风、不可添加不可删除，如图 7.1-2 所示。

Revit 2016 的机械样板中，风管系统自定义了三种系统，分别为回风、排风和送风，在实际的操作中，我们需要通过复制已有的系统类型创建新类型。操作过程可以参照第 5 章里面的复制重命名新的管道系统的操作过程。本节将复制新建一个名为"LX 排风"的系统，如图 7.1-3 所示。

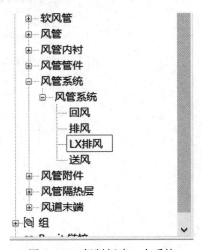

图 7.1-2 风管系统的系统分类   图 7.1-3 复制新建一个系统

　　根据项目需要，创建完新的系统类型，对风管材质进行设置，通过设置材质的颜色来进行区分。右键新建的 LX 排风，点击类型属性命令，如图 7.1-4 所示。

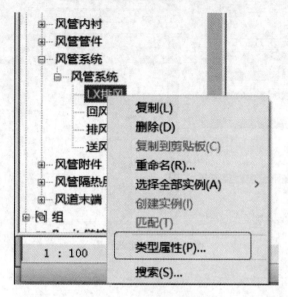

图 7.1-4　右键类型属性

　　点击类型属性，会弹出一个对话框，点击材质，对材质进行设置，如图 7.1-5 所示。

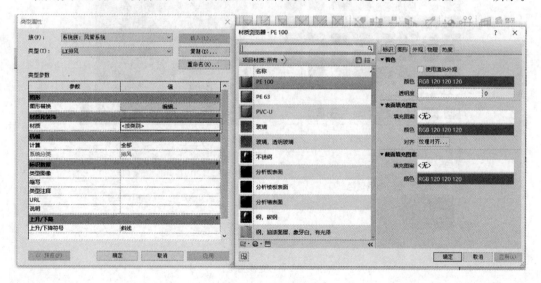

图 7.1-5　材质编辑

　　复制一种材质，重新命名为排风，点击着色中的颜色命令，将弹出颜色选项卡，将其设置为黄色，如图 7.1-6、图 7.1-7 所示。

　　更换完排风管道的材质，对回风管道的颜色进行设置，更换为粉红色，再将送风更改为蓝色，操作过程参照排风的设置过程。

　　设置完成后，快捷键 DT 是风管绘制的快捷键，这里我们按键盘 MS 快捷键，弹出风管机械设置的界面，如图 7.1-8 所示。

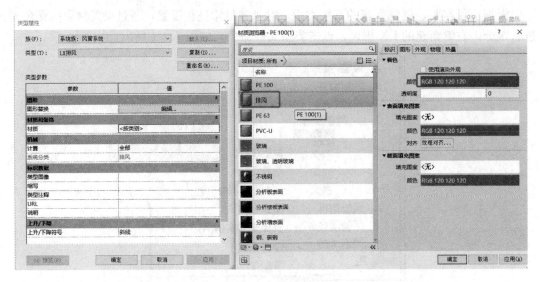

图 7.1-6　创建新材质

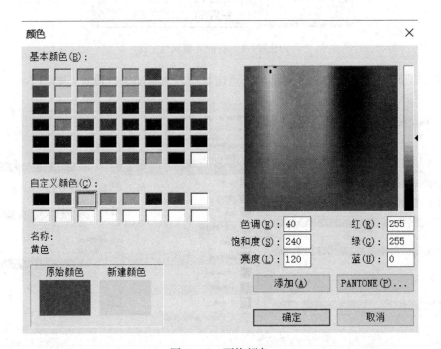

图 7.1-7　更换颜色

　　如图 7.1-8 所示，在该界面中，可以对风管进行各种设置，根据要求，进行更改。点击确定，回到绘制界面。在机械样板中，默认的风管有三种类型，分别是圆形风管、椭圆形风管和矩形风管。首先点击选项栏中系统命令下的风管命令，如图 7.1-9 所示。

　　点击风管，在属性中，点击编辑类型，进行类型属性的设置。如图 7.1-10、图7.1-11所示。

　　在布管系统配置界面中，可以看到与管道的布管系统配置有所不同。这里的构件为风管的连接方式，选择不同的风管，连接的构件也不同，载入族命令与管道中的载入族命令

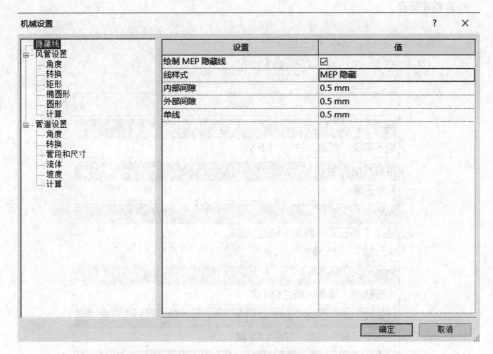

图 7.1-8 风管机械设置

图 7.1-9 风管命令

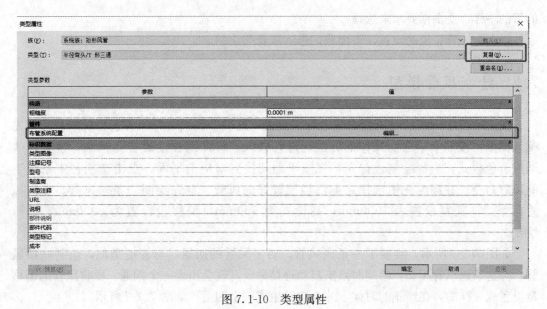

图 7.1-10 类型属性

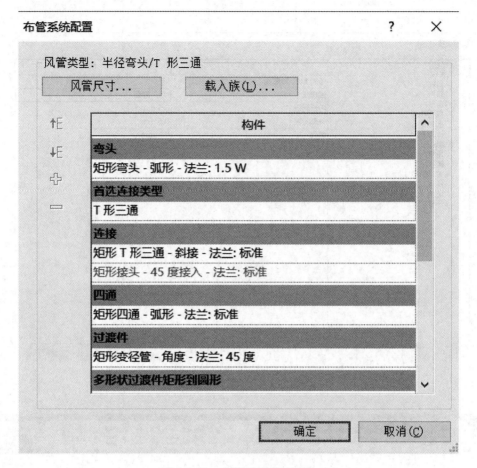

图 7.1-11　布管系统配置设置

的目的一样，要根据要求来选择。

以上为风管管道的设置，下面我们进入风管的绘制。

7.2　绘制风管模型

在上一节中，我们对风管系统进行了设置，这一节我们进行风管模型的绘制。首先载入图纸，按照书中之前操作的方法，进行载入。将详细程度设置为精细，视觉样式调成着色模式，进行绘制。首先将视图平面切换到对应的平面，点击选项栏中系统下的风管命令，在属性栏中选择之前已经配置好的风管。首先绘制一条送风管。点击风管命令，将其宽设置为 1000mm，高设置为 500mm，偏移量设置为 3000mm，进行绘制。

如图 7.2-1 所示，绘制了一条送风管。对于风管的四通，与管道类似，绘制一条风管，与这条送风管相交，绘制时点击自动连接命令，就会出现一个四通。要将风管的偏移量设置成一样的，在绘制的时候，才会自动生成一个四通，如图 7.2-2 所示。

若绘制的四通不符合要求，我们可以通过点击这个四通进行修改，如图 7.2-3 所示。

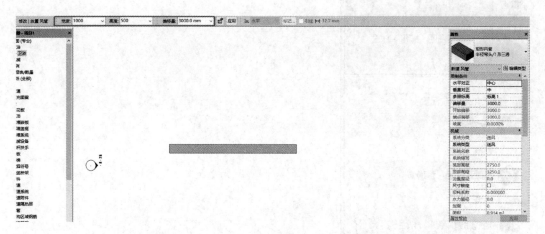

图 7.2-1　风管的设置

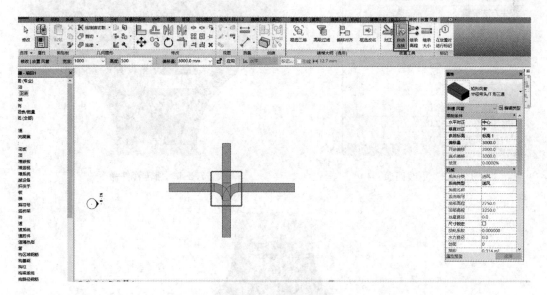

图 7.2-2　风管的四通

　　除了更换其四通的样式，我们还可以对其管道的方向进行翻转，点击这个四通，选中其中的翻转箭头，如图 7.2-4 所示。

　　点击翻转箭头，对关键管道进行翻转，如图 7.2-5 所示。

　　图 7.2-6 为管道的矩形弯头，如果这个弯头的弯曲半径不符合要求，需要对其进行修改，可以在属性面板中进行修改，或者直接在属性面板中将其连接弯头进行更改，如图 7.2-7 所示。

　　风管立管的绘制与给水排水管道的绘制操作方式一样，点击风管，右键选择绘制风管。我们将其偏移量更改为 4000mm，绘制方法与给水管一样，图 7.2-8、图 7.2-9 为绘制完成的立管。

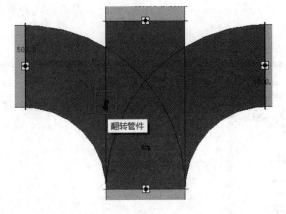

图 7.2-3　更改四通 　　　　　　　　　　　　图 7.2-4　翻转管件命令

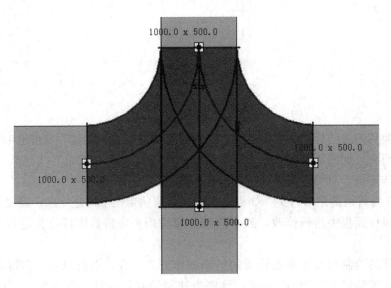

图 7.2-5　翻转完成

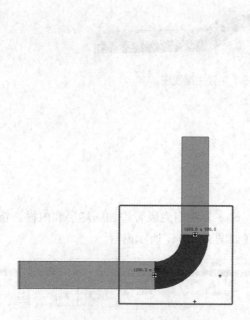

图 7.2-6　矩形弯头

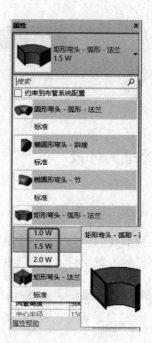

图 7.2-7　修改尺寸

图 7.2-8　风管的绘制

图 7.2-9　立管三维视图

7.3　管道的修改

7.3.1　隔热层的添加

前面两节我们学会了如何创建风管，这一节我们为风管添加隔热层和内衬。首先点击已经绘制好的一截风管，在选项栏中出现如图 7.3.1-1 所示内容。

图 7.3.1-1　添加隔热层、内衬命令

如图 7.3.1-2 所示，在修改风管的命令栏中，有添加隔热层和添加内衬的命令选项，先绘制添加隔热层。点击添加隔热层选项，会弹出如图 7.3.1-2 所示的选项卡。

图 7.3.1-2　添加风管隔热层

点击图示的编辑类型，进入编辑界面。在编辑界面中，点击复制，重新命名，来新建一个项目中所需的材质名称，这里将隔热层更改为纤维玻璃，如图 7.3.1-3 所示。

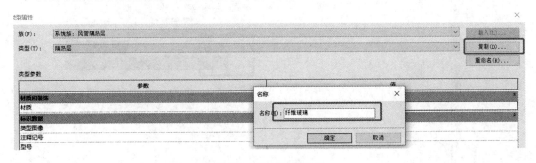

图 7.3.1-3　新建类型

新建类型完成，对其材质进行编辑。点击材质后面的值，进入材质更改界面，设置一个需要的材质，如图 7.3.1-4 所示。

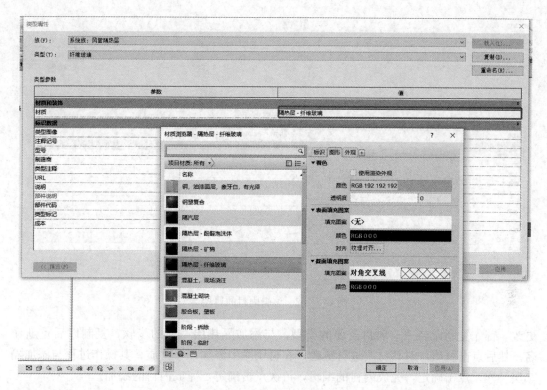

图 7.3.1-4 更改材质

　　点击确定，完成隔热层的编辑。再次点击确定，自动生成了隔热层，图 7.3.1-5 为添加完隔热层的风管。

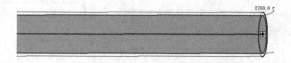

图 7.3.1-5 完成添加隔热层风管

7.3.2 内衬的添加

　　下面绘制添加内衬。还是点击风管，在选项栏中点击添加内衬选项，会弹出对话框，与添加隔热层是相似的一个对话框，点击编辑类型，如图 7.3.2-1 所示。

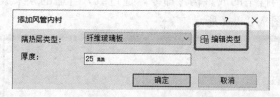

图 7.3.2-1 添加风管内衬

　　如图 7.3.2-2 所示，在界面中有一处与添加隔热层不一样，内衬可以对其粗糙度进行

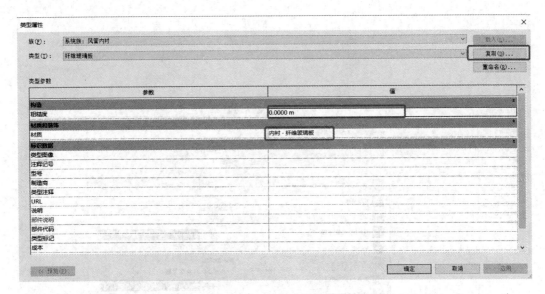

图 7.3.2-2　编辑内衬的属性

更改。首先复制命名一个项目需要的类型，与添加隔热层一样的步骤，复制以后重新命名。然后点击材质，对其材质进行更改，在材质库中添加一个材质，其操作过程与添加隔热层一样。点击确定，完成内衬的编辑，再次点击确定，完成内衬的添加。

图 7.3.2-3 所示的为内衬与隔热层的添加完成。左边是内衬，右边是隔热层。在点击风管的情况下，可以更清晰地看到内衬。

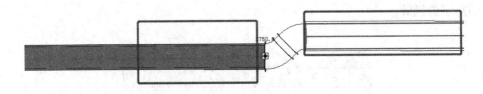

图 7.3.2-3　完成内衬与隔热层的添加

7.3.3　风道末端

在系统选项卡中，风管命令栏中有一个风道末端的选项，这个命令可以放置风口、格栅或散流器。我们利用这个命令来为风管添加风口。添加风口，有两种方式，直接点击风道末端，还可以点击构件中的放置构件命令，通过载入合适的族来放置风口。在这里我们用风道末端命令，如图 7.3.3-1 所示。

图 7.3.3-1　风道末端

点击风道末端命令，在属性面板中，点击下拉列表，里面可以选择风口、散流器和格栅，如图 7.3.3-2 所示。

在属性面板中，选择不同的风道末端和需要的尺寸，进行放置，如图 7.3.3-3 所示。

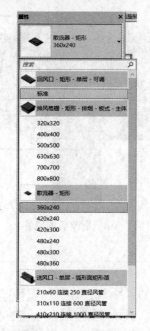

图 7.3.3-2　属性面板

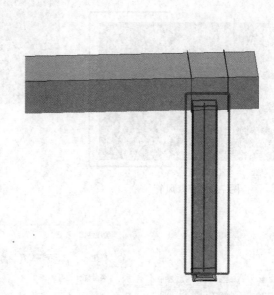

图 7.3.3-3　完成放置

在系统栏中有一个转换为软风管的命令，如图 7.3.3-4 所示。下面我们介绍如何将风道末端转换为软风管。点击转换为软风管命令，再点击风道末端，完成转换成软风管命令，如图 7.3.3-5、图 7.3.3-6 所示。

图 7.3.3-4　转换风管命令

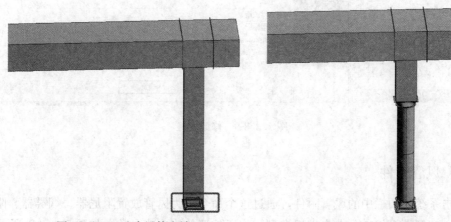

图 7.3.3-5　选中风管末端　　　　　　图 7.3.3-6　转换为软风管

在图 7.3.3-7 中，选中的那部分风管，将其宽度更改为 800mm，高度更改为 500mm。

在图 7.3.3-8 中，框选的部分为系统自动生成的变径，还可以更改其角度。选中这个变径，在属性面板中，点击编辑类型，更改角度，如图 7.3.3-9 所示。

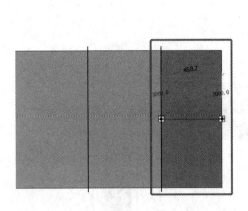
图 7.3.3-7　风管

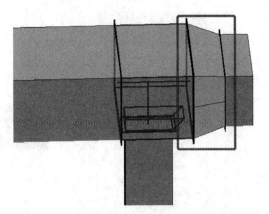
图 7.3.3-8　更改后的风管

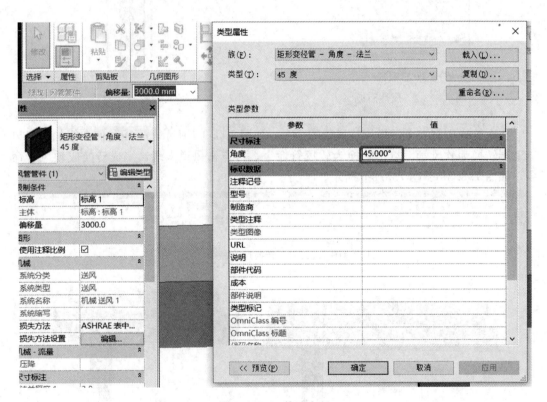
图 7.3.3-9　修改变径

7.3.4　风管附件

点击系统选项栏中的风管附件，通过这个命令，为风管放置阻尼器、烟雾器、阻尼探测器等。在属性面板中，点击编辑类型，为所放置的族更改参数，如图 7.3.4-1 所示。

图 7.3.4-1 修改风管附件

修改完成后，点击确定，完成修改，点击管道，进行放置，如图 7.3.4-2 所示。

图 7.3.4-2 放入风管附件

课 后 习 题

一、单项选择题

1. 创建一个 400mm 宽度的矩形风管，分别添加 30mm 的隔热层和内衬，那么在平面图中测量该风管最外侧宽度为（   ）。

A. 520mm   B. 460mm

C. 430mm   D. 400mm

2. 以下（   ）构件为系统族。

A. 风管   B. 风管附件

C. 风道末端   D. 机械设备

3. 在 Revit 中单击【风管】命令，在该风管属性中将系统类型设置为回风，单击机械设备的送风端口创建风管，创建连接到设备端的风管系统类型为（   ）。

A. 回风　　　　　　　　　　　　　　B. 送风

C. 回风、送风　　　　　　　　　　　D. 送风、回风

4. 以下说法正确的是(　　)。

A. 风管命令能绘制矩形刚性风管，软风管能绘制圆形椭圆形风管

B. 风管命令能绘制圆形椭圆形刚性风管，软风管能绘制圆形椭圆形风管

C. 风管命令能绘制矩形、圆形和椭圆形刚性风管，软风管能绘制圆形椭圆形风管

D. 风管命令能绘制矩形、圆形和椭圆形刚性风管，软风管能绘制圆形和矩形风管

二、多项选择题

1. 风管管件主要包括以下(　　)构件。

A. 弯头　　　　　　　　　　　　　　B. 三通

C. 四通　　　　　　　　　　　　　　D. 过渡件

2. 风管管件提供了一组可用于在视图中修改管件的控制柄，有以下(　　)功能。

A. 修改风管管件尺寸　　　　　　　　B. 升级或降级管件

C. 旋转管件　　　　　　　　　　　　D. 翻转管件

3. 在 Revit 创建椭圆形风管时，风管选项栏可以设置(　　)参数。

A. 标高　　　　　　　　　　　　　　B. 偏移

C. 直径　　　　　　　　　　　　　　D. 宽度

E. 高度

4. 在风管"类型属性"对话框下的"布置系统配置"包含以下(　　)构件设置。

A. 活接头　　　　　　　　　　　　　B. 多形状过渡件矩形到圆形

C. 多形状过渡件圆形到矩形　　　　　D. 弯头

E. 过渡件

5. 在风管设备族中设置连接件系统分类，可以选择以下(　　)类型。

A. 送风　　　　　　　　　　　　　　B. 回风

C. 新风　　　　　　　　　　　　　　D. 各种通风

参考答案

一、单项选择题

1. B　　2. A　　3. B　　4. D

二、多项选择题

1. ABCD　　2. ABCD　　3. BDE　　4. BCDE　　5. ABC

第 8 章　装配式建筑电气系统建模基础

本章导读：

　　本节我们将开始学习如何绘制电气模型。通过实际案例的模型创建过程，让读者了解电气专业的建模基础。熟练掌握电缆桥架、线管、电气设备和线路的创建。

　　本节我们将开始学习电气系统的绘制，在 Revit 中电气系统并不需要提前复制系统，因为 Revit 中并没有区分电气系统，在实际项目的绘制中我们也以绘制电缆桥架为主。Revit 中绘制电气系统需要使用电气样板 Electrical-DefaultCHSCHS. rte，打开电气样板我们可以从项目浏览器中看到有两种规程，分别是照明和电力，如图 8-1 所示。

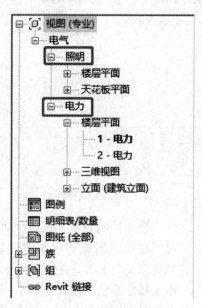

图 8-1　电气样板规程

8.1 电气设置

打开 Revit 2016, 新建一个项目文件。在前面两章, 我们介绍了机械样板, 及每个样板适合的项目, 在这里我们选择电气样板: Electrical-DefaultCHSCHS. rte, 点击确定, 进入绘图界面, 如图 8.1-1 所示。

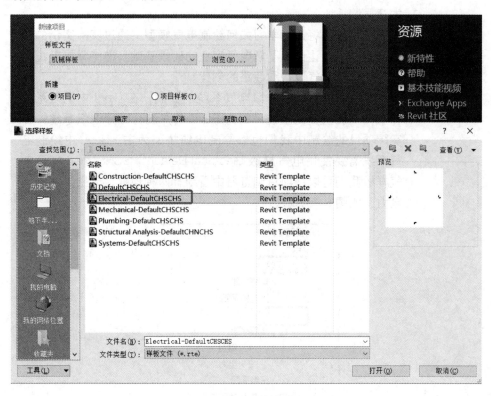

图 8.1-1 电气样板

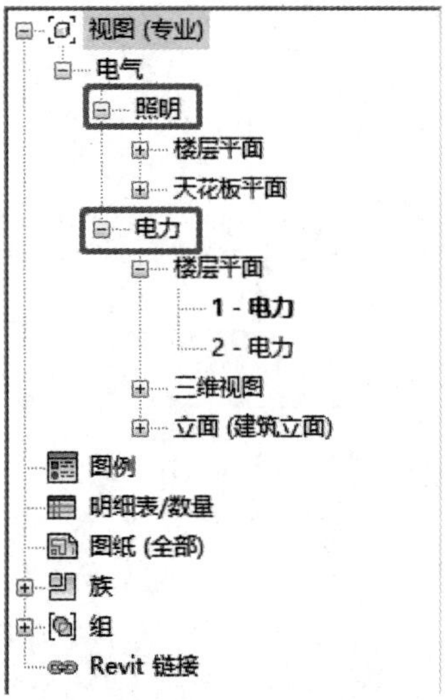

进入绘图界面, 在属性面板中, 这里用的电气样本, 可以在项目浏览器中很清楚地看出与其他样本的区别, 如图 8.1-2 所示。在这里只有照明和电缆这两种规程, 与给水排水系统、风管系统不一样。在 Revit 中, 对于电力系统没有明确的区分, 实际项目的绘制中我们也以绘制电缆桥架为主, 下面介绍如何绘制电缆桥架。

前两章介绍了管道系统以及风管的绘制, 电缆桥架的绘制与管道系统以及风管的绘制相似。点击系统选项栏下的电缆桥架选项, 如图 8.1-3 所示。

在属性界面, 通过下拉列表, 可以选择合适的桥架, 这里我们选择带配件的电缆桥架槽式桥架, 点击编辑类型, 如图 8.1-4 所示。

在编辑类型属性中, 可以看到, 与给水排水和风管

图 8.1-2 项目浏览器

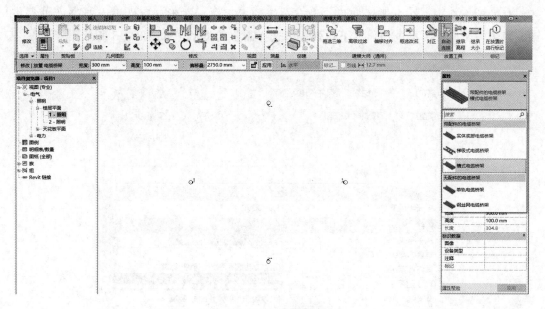

图 8.1-3　电缆桥架命令

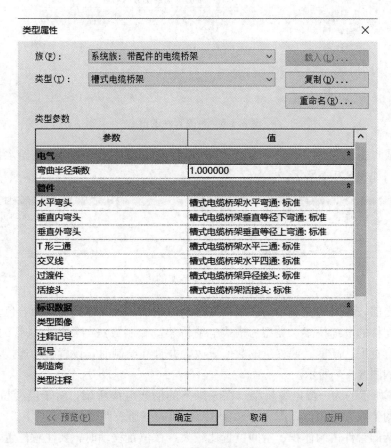

图 8.1-4　编辑类型属性

不一样的地方在于，在电缆桥架里，没有布管配置系统。在类型属性界面对管件进行更改，点击每个管件后面的值，在下拉列表中选择需要的类型，如图 8.1-5 所示。

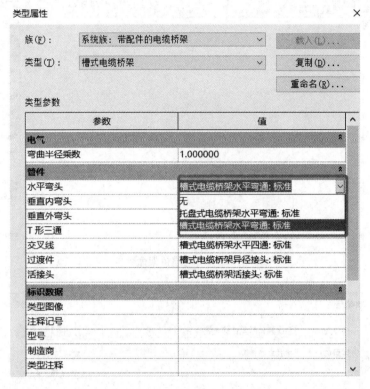

图 8.1-5　更改管件的值

设置完成点击确定，回到绘图界面进行绘制。在绘图界面可以看到与给水排水和风管的界面一样，如图 8.1-6 所示。

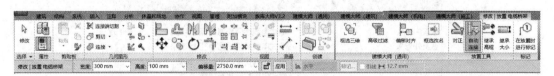

图 8.1-6　电缆桥架的设置

在绘制之前，还是将左下角的详细程度更改为精细，视觉样式更改为着色。在前面我们选择了带配件的电缆桥架，类型为槽式电缆桥架，绘制方法与管道和风管的方法相似。在界面中，有宽度、高度、偏移量的数值更改，并且在绘制时，设置自动连接，绘制一段电缆桥架，如图 8.1-7 所示。

图 8.1-7 所示的为一段电缆桥架，在三维下的槽式电缆桥架，对于电缆桥架的三通、四通与风管的生成方式相似，图 8.1-8 为电缆桥架的三通、四通及弯头。

电缆桥架的管件占的体积、空间位置比较大，在位置移动时，要注意位置，要有足够的生成配件生成的空间。如果强行移动，之前的移动符号，会变成禁止符号，并且会弹出错误对话框，空间不足，无法生成配件的错误提示，如图 8.1-9 所示。

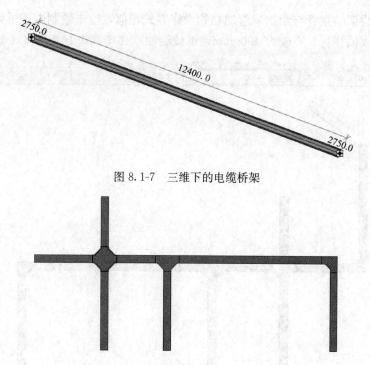

图 8.1-7 三维下的电缆桥架

图 8.1-8 电缆桥架的三通、四通及弯头

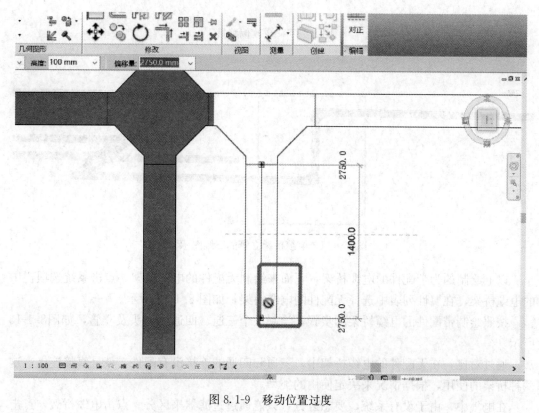

图 8.1-9 移动位置过度

　　绘制电缆桥架的立管与绘制风管的立管操作方式相似，点击绘制电缆桥架，绘制一段电缆桥架，更改偏移量，更改为4000mm，继续绘制，如图8.1-10、图8.1-11所示。

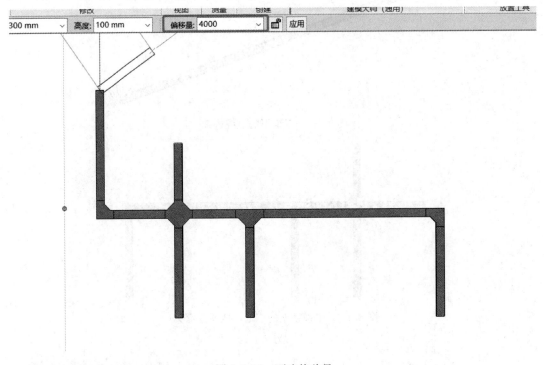

图 8.1-10　更改偏移量

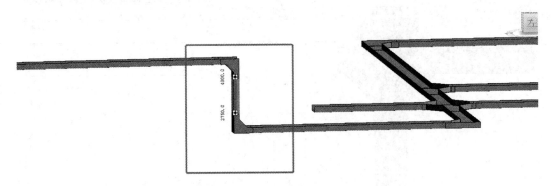

图 8.1-11　电缆桥架立管的三维图示

　　以上绘制的为带配件的电缆桥架，下面来绘制无配件的电缆桥架。点击系统选项栏中的电缆桥架，在属性列表中选择无配件的电缆桥架，如图8.1-12所示。

　　按照绘制带配件的电缆桥架的步骤，绘制一个三通、四通、弯头及立管，如图8.1-13所示。

　　通过对比，在无配件的电缆桥架中，三通和四通的连接没有配件，就是直接连接。这两种桥架的使用，根据情况来决定使用的类型。

　　在电气中，由于没有系统，要想区分，只能通过过滤器来区分。点击电缆桥架，点击属性面板中的编辑类型，在类型属性中复制新建一个消防桥架，再复制新建一个照明桥

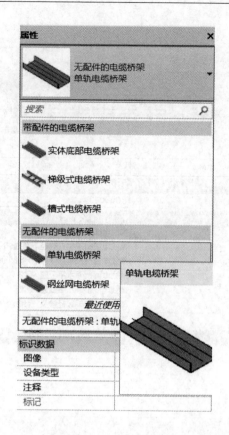

图 8.1-12 无配件的电缆桥架

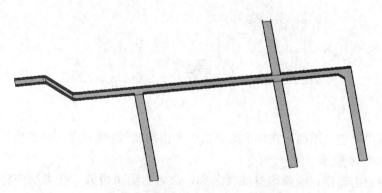

图 8.1-13 三维无配件电缆桥架

架,如图 8.1-14、图 8.1-15 所示。

任意绘制两段桥架,分别为消防桥架和照明桥架。下面建立两个过滤器,分别为消防桥架与照明桥架,具体操作过程如下:VV 快捷键,出现可见性图形替换界面,点击过滤

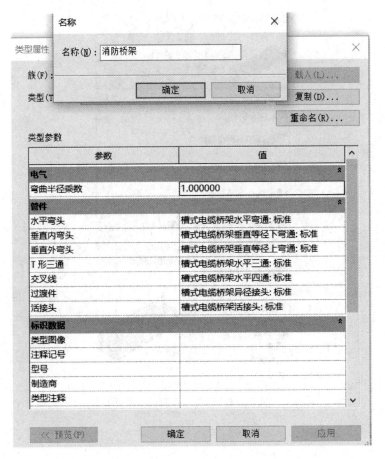

图 8.1-14 消防桥架

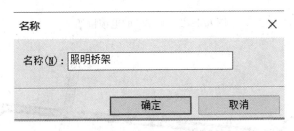

图 8.1-15 照明桥架

器，在此界面中，点击添加，在弹出的界面中点击编辑/新建命令，会弹出一个过滤器的界面，如图 8.1-16 所示。

在左下角点击新建，会弹出过滤器名称，命名为消防桥架。在类别中将全部改为电气，并勾选电缆桥架及电缆桥架配件。过滤规则更改如图 8.1-17 所示。

点击确定，完成过滤器的新建，将过滤器添加进去，并对过滤器进行更改，如图 8.1-18 所示。

按照此操作方法，再次建立一个过滤器，定义为照明桥架，并设置不同的颜色。点击确定，完成过滤器的设置，如图 8.1-19 所示。

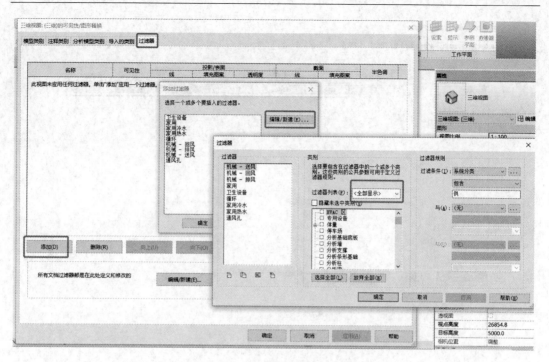

图 8.1-16　VV 可见性图形快捷键

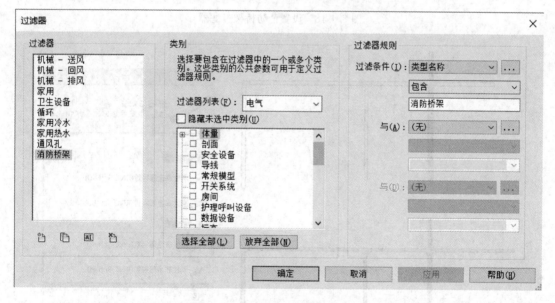

图 8.1-17　新建过滤器

　　点击系统选项栏中的线管命令，在属性栏的下拉列表中，可以看到两种线管，一种为有带配件的线管，一种为不带配件的线管，如图 8.1-20 所示。

　　点击编辑属性，在类型属性面板中对线管进行设置，与电缆桥架相似，线管的设置中没有布管配置系统。点击确定，回到绘制界面，进行绘制，如图 8.1-21 所示。

　　图 8.1-22 为线管的四通，为一个导线接线盒，可以调节其尺寸。线管的绘制与电缆桥架的绘制方法是一样的，其绘制方法参照电缆桥架。

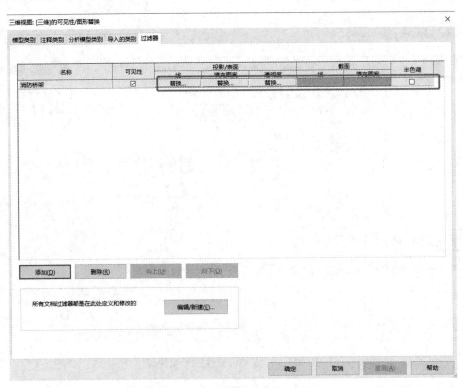

图 8.1-18　设置消防桥架过滤器

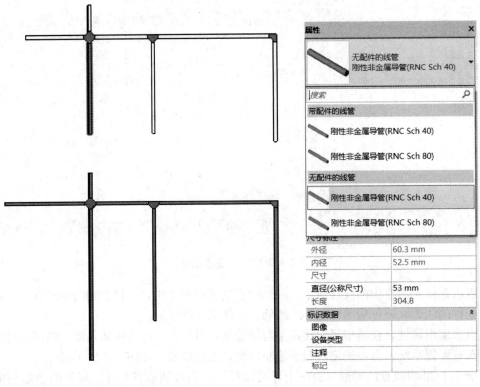

图 8.1-19　过滤器的使用

图 8.1-20　线管类型

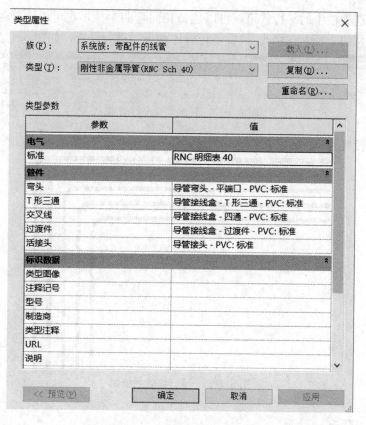

图 8.1-21　线管类型属性面板

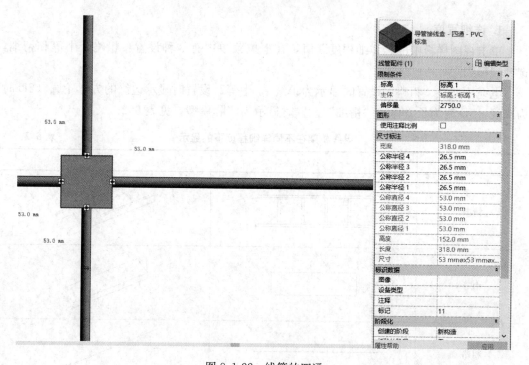

图 8.1-22　线管的四通

点击系统选项栏中的平行管道，可以选择相同弯曲半径，也可以选择通信弯曲半径。这里选择相同弯曲半径，在修改/放置平行管道面板时进行设置，如图 8.1-23 所示。

图 8.1-23　修改放置平行管道

将水平数设置为 5，点击 Tab 键，点击界面，完成平行管道的绘制，如图 8.1-24 所示。

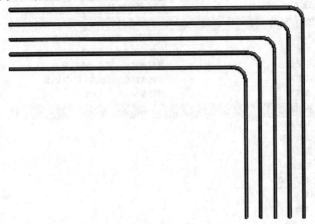

图 8.1-24　平行线管的绘制

8.2　电气显示

1. 详细程度

单击视图样板中的"详细程度"值，在下拉菜单中有 3 种设置：粗略、中等和精细，选择"精细"。

电缆桥架在"粗略"设置时显示为单线。"中等"设置时显示边缘的方形轮廓（2D 时为双线，3D 时为长方体），"精细"设置时显示为实际模型，见表 8.2。

电缆桥架在不同详细程度下的显示　　　　　　　　　　　表 8.2

	2D	3D
精细		
中等		
粗略		

　　而线管与管道类似，在"粗略"和"中等"时显示单线，在"精细"时显示双线。导线在三种设置下显示都为单线并且仅在 2D 显示。

　　电气设备和照明设备等载入族，一般设置在"粗略"和"中等"时显示符号，在"精细"时显示模型。

2. 过滤器

　　电力平面视图中的过滤器设置与风管基本一致，按照"类型"设置过滤条件，新建两个类型名称为"消防桥架"和"照明桥架"的过滤器，按照第 7 章设置系统颜色区分，创建结果如图 8.2 所示，保存项目文件。

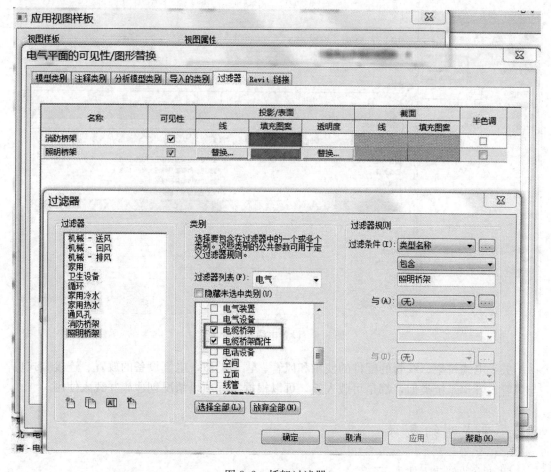

图 8.2　桥架过滤器

8.3　电缆桥架及其配件、电气设备的绘制

　　Revit 中默认将电缆桥架分为"带配件的电缆桥架"和"无配件的电缆桥架"两种类型，"带配件的电缆桥架"就是桥架各个节主体、各节之间的连接块，连接螺栓、螺母、垫片和跨接铜芯线。"无配件的电缆桥架"就是桥架各个节主体，没有各个连接件。这两种形式属于不同的系统族，可在各自系统族下添加不同的类型。

"带配件的电缆桥架"的类型有槽式电缆桥架、梯级式电缆桥架和实体底部电缆桥架。

"无配件的电缆桥架"的类型有单轨电缆桥架和金属丝网电缆桥架，适用于设计中不明显区分配件的情况。

除梯级式电缆桥架的形状为梯形外，其余均为槽形。

虽然电气系统绘制前不需要复制系统，但是其他步骤如新建类型、配置管件还是需要设置的，与风管、管道系统不同的是电缆桥架的管件在属性栏中直接单击"编辑类型"，在弹出的面板中就可以直接修改，如图 8.3 所示。

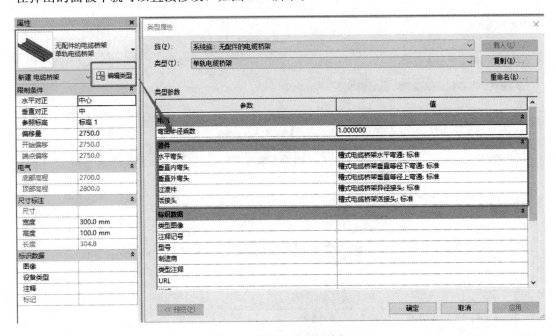

图 8.3　设置电缆桥架管件

关于电缆桥架、线管的配件的使用和风管、管道类似，电气设备的放置、连接方式也与风管、管道系统类似，都是可载入族，可以根据实际项目情况创建族并载入使用。

8.4　生成明细表

明细表的创建方式如下：

（1）依次单击选项卡中"分析→明细表/数量→新建明细表"，或者"视图→创建→明细表/数量"，在弹出的新建明细表对话框选择所需统计的构件类别，在名称栏内修改名称，点击"确定"，如图 8.4-1 所示。

（2）结束（1）之后，弹出"明细表属性"对话框，"字段"选项卡内可添加构件属性带有的所有可用字段，选择所需的可用字段，点击"添加"按钮添加到"明细表字段"即可统计该参数，如图 8.4-2 所示。

（3）"过滤器"选项卡内可设置过滤条件，以便对特定属性的构件进行统计，图 8.4-3 所展示的便是过滤条件的设置。

图 8.4-1　新建明细表

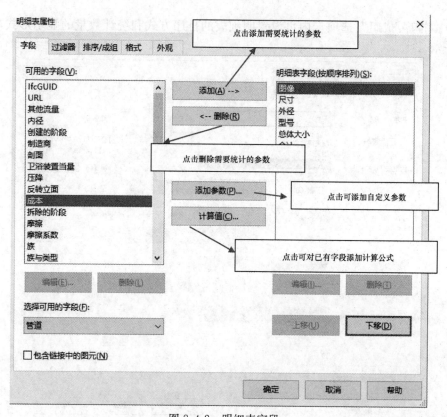

图 8.4-2　明细表字段

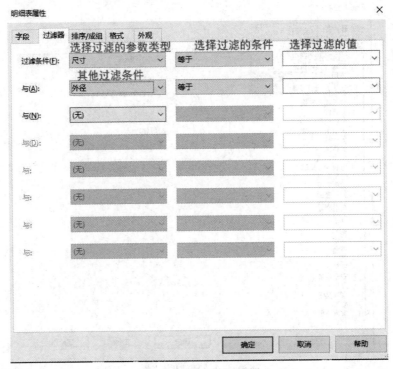

图 8.4-3 明细表过滤器

（4）"排序/成组"选项卡内可设置明细表的排序方式和统计数量的显示形式，如图 8.4-4 所示。

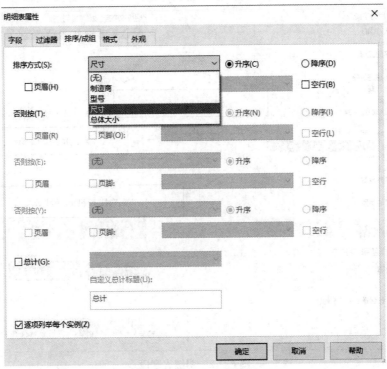

图 8.4-4 排序/成组

（5）"格式"选项卡内可设置明细表中字段的格式，并能用"条件格式"控制部分字段的属性。对每一个标题、标题方向以及标题对齐方式进行设置，对明细表中个别字段设置隐藏： ，如图 8.4-5 所示。

图 8.4-5　明细表格式

（6）"外观"选项卡内可设置明细表中字体的样式和大小，并能修改明细表格的行距等，图 8.4-6 则是明细表中外观相关设置。

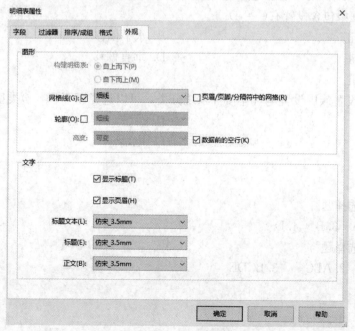

图 8.4-6　明细表外观

（7）设置完毕后，点击"确定"按钮，满足条件的构件将自动被统计到明细表格中。

课　后　习　题

一、单项选择题

1. 以下不包含在【系统】-【电气】功能区的命令有（　　）。

A. 电缆桥架 　　　　　　　　　　B. 线管

C. 桥架配件 　　　　　　　　　　D. 线管配件

2. 在标高 3000mm 的天花板的主体上创建一个照明灯，该照明灯"属性"栏中"偏移量"为 500mm，那么该灯高度实际为（　　）。

A. 3000mm 　　　　　　　　　　B. 3500mm

C. 2500mm 　　　　　　　　　　D. 500mm

3. 以下不包含在导线绘制类型中的是（　　）。

A. 圆形导线 　　　　　　　　　　B. 带倒角导线

C. 样条曲线导线 　　　　　　　　D. 弧形导线

4. 在放置电缆桥架配件时，按（　　）键可以循环切换插入点。

A. Alt 　　　　　　　　　　　　B. Ctrl

C. Space 　　　　　　　　　　　D. Tab

二、多项选择题

1. 在系统浏览器设置中，以下（　　）可以在电气列勾选显示。

A. 系统类型 　　　　　　　　　　B. 尺寸

C. 配电系统 　　　　　　　　　　D. 长度

E. 系统名称

2. 选中某电缆桥架，单击【修改/放置电缆桥架】-【放置工具】-【对正】，在弹出的对正设置对话框中包含设置有（　　）。

A. 水平对正 　　　　　　　　　　B. 水平偏移

C. 垂直对正 　　　　　　　　　　D. 垂直偏移

E. 中心对正

3. 在电气设置族中设置电气连接件系统分类，可以选择以下（　　）类型。

A. 照明 　　　　　　　　　　　　B. 火警

C. 安全 　　　　　　　　　　　　D. 电话

E. 数据

参考答案

一、单项选择题

1. B　2. A　3. B　4. D

二、多项选择题

1. ACD　　2. ABC　　3. BCDE

第 9 章　管线综合

本章导读

管线布置综合平衡技术是应用于建筑机电安装工程的施工管理技术，涉及建筑机电工程中通风空调、给水排水、电气、智能化控制等专业的管线安装。管线布置综合平衡技术是根据工程实际将各专业管线设备在图纸上通过计算机进行图纸上的预装配，将问题解决在施工之前，将返工率降低到零点的技术，被住房和城乡建设部列为"建筑业 10 项新技术"小项技术之一。

本章节通过对建筑物管线用途的本质思考，提出如何优化管线敷设。在建筑空间效果、使用舒适度、节能环保、经济适用等方面，寻求各方效益的平衡点，使建筑物功能效益最优化。

9.1 建筑物管线综合敷设的意义和重要性

现代建筑物设备的综合性、智能性较过去有了很大提高，各设备管线之间的敷设难免出现"撞车"问题，迫使在建筑设计层面上作出重新调整。传统综合管线施工过程中仅仅考虑如何塞得下不碰撞，注意力放在了管道的走向与排布上，当原来布置的走向产生矛盾时，才考虑调整位置和专业相互协调意见。这种设计管线设计敷设位置不合理或与其他工程考虑单学科局部使用功能，无疑造成了浪费、不合理的结果，至少不是最优化的结果。管线作为现代建筑布局整体的一部分，应该是满足整体空间效果节约造价、节能环保。

另外，仅从供暖管道布线分析，现阶段我国单位建筑面积上能耗为同等气候发达国家的3倍以上。从可持续发展和维护人类生存条件的角度上看，合理布置管道布线，降低建筑能耗，节约自然资源，是建筑设计者迫在眉睫的事情。

9.2 管线综合优化设计理念概述

建筑作为一种特殊形式的产品，与其他类型的工业产品有相同之处。要求设计人员根据工程项目的需求，分析已有产品的优缺点，兼顾功能、结构、工艺、材料、成本等因素，预测产品将来的情况。从产品技术设计到工业生产方法，以及外观形态，都能按照设定方案来实现，使产品的社会价值与经济要求有机结合起来。管线设计作为建筑设计完成的技术手段，应与其整个系统保持一致，是个多方位整体性的系统化设计。

9.2.1 传统二维管线综合的缺陷

大型复杂的建筑工程项目设计中，设备管线的布置由于系统繁多、布局复杂，常常出现管线之间或管线与结构构件之间发生碰撞的情况，给施工带来麻烦，影响建筑室内净高，造成返工或浪费，甚至存在安全隐患。为了避免上述情况的发生，传统的设计流程中通过二维管线综合设计来协调各专业的管线布置，但它只是将各专业的平面管线布置图进行简单的叠加，按照一定的原则确定各种系统管线的相对位置，进而确定各管线的原则性标高，再针对关键部位绘制局部的剖面图。总的来说存在以下缺陷：

（1）管线交叉的地方靠人眼观察，难以进行全面的分析，碰撞无法完全暴露及避免。特别是对于大型的、结构体系复杂的建筑，在梁高变化较大的地方，常常解决了管线之间的碰撞，却忽略了管线与梁之间的碰撞。

（2）管线交叉的处理均为局部调整，很难将管线的连贯性考虑进去，可能会顾此失彼，解决了一处碰撞，又带来别处的碰撞。

（3）管线标高多为原则性确定相对位置，仅局部绘制剖面的位置有精确定位，大量管线没有全面精确地确定标高。

（4）多专业叠合的二维平面图纸图面复杂繁乱，不够直观。仅通过"平面＋局部剖面"的方式，对于多管交叉的复杂部位表达不够充分。

（5）虽然以各专业的工艺布置要求为指导原则进行布置，但由于空间、结构体系的复杂性，有时无法完全满足设计原则，尤其在净空要求非常高的情况下，需要因地制宜地变通布置方式，这时二维的管线综合设计方式的局限性就显露出来了。

9.2.2 BIM 三维管线综合设计的优势分析

对于大型复杂的工程项目，采用 BIM 技术进行三维管线综合设计有着明显的优势及意义。BIM 模型是对整个建筑设计的一次"预演"，建模的过程同时也是一次全面的"三维校审"过程。在此过程中可发现大量隐藏在设计中的问题，这些问题往往不涉及规范，但跟专业配合紧密相关，或者属于空间高度上的冲突，在传统的单专业校审过程中很难被发现。与传统 2D 管线综合对比，三维管线综合设计的优势具体体现在：

（1）BIM 模型将所有专业放在同一模型中，对专业协调的结果进行全面检验，专业之间的冲突、高度方向上的碰撞是考量的重点。模型均按真实尺度建模，传统表达予以省略的部分（如管道保温层等）均得以展现，从而将一些看上去没问题，而实际上却存在的深层次问题暴露出来。

（2）土建及设备全专业建模并协调优化，全方位的三维模型可在任意位置剖切大样及轴测图大样，观察并调整该处管线的标高关系。

（3）BIM 软件可全面检测管线之间、管线与土建之间的所有碰撞问题，并反提给各专业设计人员进行调整，理论上可消除所有管线碰撞问题。

（4）对管线标高进行全面精确的定位，同时以技术手段直观反映楼层净高的分布状态，轻松发现影响净高的瓶颈位置，从而优化设计，精确控制净高及吊顶高度。

（5）除了传统的图纸表现，再辅以局部剖面及局部轴测图，管线关系一目了然。三维的 BIM 模型还可浏览、漫游，以多种手段进行直观的表现。

（6）由于 BIM 模型已集成了各种设备管线的信息数据，因此还可以对设备管线进行精确的列表统计，部分替代设备算量的工作。

总之，BIM 三维管线综合设计能更直观、明了、高效、充分、精确地帮助我们协调各专业的管线布置。

9.2.3 机电综合管线的目的及意义

（1）发现并解决机电专业蓝图中出现的疏漏。

（2）发现并解决机电系统内部各专业之间出现的疏漏。

（3）发现机电系统和其他专业的冲突和疏漏，并找到解决的方法。

（4）合理排列机电设备及管线的位置走向，施工方便，节省材料及人工。

（5）结合精装修标高图等其他对图纸、建筑物内的机电管线进行最佳排位，最大程度减少管道所占空间。

（6）有利于各专业安排工序，达到统筹的目的。

（7）深化设计是配合协调外部工作的枢纽。

9.3 管辖综合模型要求

9.3.1 模型颜色区分

Revit 中各专业模型需要进行颜色的区分，模型颜色区分见表 9.3.1。

模型颜色区分表　　　　　　　　表 9.3.1

暖　通		给　水　排　水		电	
管线名称	实施方案颜色 RGB	管线名称	实施方案颜色 RGB	管线名称	实施方案颜色 RGB
空调冷热水供水	0, 255, 255	消火栓管道	255, 0, 0	10kV 强电线槽/桥架	255, 0, 255
空调冷热水回水	0, 160, 156	自动喷水灭火系统	255, 0, 255	普通动力桥架	255, 63, 0
空调热水给水	200, 0, 0	窗玻璃冷却水幕	255, 128, 192	消防桥架	255, 0, 0
空调热水回水	100, 0, 0	自动消防炮系统	255, 0, 0	照明桥架	255, 63, 0
冷却水供水	255, 127, 0	生活给水管（低区）	0, 255, 0	母线	255, 255, 255
冷却水回水	21, 255, 58	生活给水管（高区）	0, 128, 128	安防	255, 255, 0
冷冻水供水	0, 0, 255	中水给水管（低区）	0, 64, 0	楼宇自控	192, 192, 192
冷冻水回水	0, 255, 255	中水给水管（高区）	0, 0, 128	无线对讲	255, 0, 255
冷凝水管	255, 0, 255	生活热水管	128, 0, 0	信息网	0, 127, 255
空调补水管	0, 153, 50	污水-重力	153, 153, 0	移动信号	255, 127, 159
膨胀水管	51, 153, 153	污水-压力	0, 128, 128	有线及卫星电视	191, 127, 255
软化水管	0, 128, 128	废水-重力	153, 51, 51	消防弱电线	0, 255, 0
冷媒管	102, 0, 255	废水-压力	102, 153, 255		
厨房排油烟	153, 51, 51	雨水管-压力	0, 255, 255		
排烟	128, 128, 0	雨水管-重力	128, 128, 255		
排风	255, 153, 0	通气管道	128, 128, 0		
新风/补风	0, 255, 0				
正压送风	0, 0, 255				
空调回风	255, 153, 255				
空调送风	102, 153, 255				

9.3.2　各专业管线空间管理

在管线综合排布过程中，管道之间的距离，管道与墙面的距离一直是大家困扰的问题，困扰的原因不在于大家不知道间距的距离，而是各企业间、项目间、团队间没有一个统一的原则和规定。

本小节在这里对机电专业管线间距、定位作统一规定，各专业 BIM 技术团队应参照表 9.3.2-1～表 9.3.2-3 的规定执行。

管道中心距和管中心至墙面距离表（钢管、镀锌钢管、钢塑复合管）（mm）

表 9.3.2-1

管径	25	32	40	50	65	80	100	125	150	200	250	300	管中心至结构构件边
非保温管道与非保温管道													
25	100												100
32	100	150											150
40	100	150	150										150
50	150	150	150	150									150
65	150	150	150	150	150								150
80	150	150	150	150	200	200							150
100	150	150	150	200	200	200	200						200
125	150	150	200	200	200	200	250	250					200
150	200	200	200	200	250	250	250	300	300				200
200	200	200	200	200	250	300	300	300	300	350			250
250	250	250	300	300	300	300	300	350	350	400	400		250
300	300	300	300	300	300	350	350	350	400	400	450	500	300

管道中心距和管中心至墙面距离（钢管、镀锌钢管、钢塑复合管）（mm） 表 9.3.2-2

保温层厚度	管径	25	32	40	50	65	80	100	125	150	200	250	300	管中心至结构构件边
保温管道与非保温管道														
35	25	200												150
50		200												150
35	32	200	200											150
55		200	200											200
35	40	200	200	200										150
55		200	250	250										200
35	50	200	200	200	200									150
60		250	250	250	250									200
35	65	250	250	250	250	250								200
65		300	300	300	300	300								200
35	80	300	300	300	300	300	300							200
70		350	350	350	350	350	350							250
40	100	300	300	300	300	300	300	300						200
75		350	350	350	350	350	350	350						250
45	125	300	300	300	300	300	350	350	350					250
80		350	350	350	350	350	400	400	400					300
45	150	300	300	350	350	350	350	350	350	350				250
85		350	350	400	400	400	400	400	400	400				300
50	200	350	350	350	350	350	350	400	400	400	400			300
90		400	400	400	400	400	400	450	450	450	450			350
55	250	350	350	400	400	400	400	400	400	400	400	500		300
100		400	400	450	450	450	450	450	450	450	450	550		350
60	300	400	400	450	450	450	450	450	450	500	500	550	550	350
105		450	450	500	500	500	500	500	500	550	550	600	600	400

公称直径	25	32	40	50	65	80	100	125	150	200	250	300
保温管中心	150	150	150	200	200	200	200	250	250	300	350	350
不保温管中心	100	100	150	150	150	150	150	150	200	250	250	300

水平干管安装与墙、柱表面的安装距离（给水管道）（mm）　　　　表 9.3.2-3

注：除特殊情况外均按此规定执行。

9.4　具体操作流程

首先，打开 Revit 机电模型，单击左上角应用程序菜单，选择导出 nwc 格式，如图 9.4-1 所示。

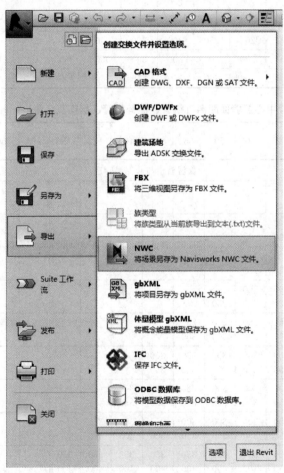

图 9.4-1　导出 nwc

导出 nwc 的速度与电脑的配置及被导出的模型的图元数量有关，在导出的过程中尽量不要操作电脑以免发生软件崩溃或者是电脑死机的情况，导出进度条上的数字即为导出的图元数量，如图 9.4-2 所示。

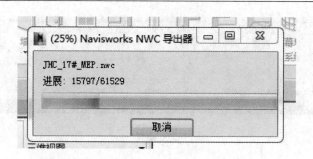

图 9.4-2　正在导出 nwc

将导出的 nwc 文件使用 Navisworks Manage 2016 打开，打开完成后点击常用选项卡下面的 Clash Detective 命令，然后单击添加检测，如图 9.4-3 所示。

图 9.4-3　添加检测

添加检测后，选择想要碰撞的模型，点击运行检测，即可进行碰撞检测，检测完成之后可以单击某一碰撞点进行查看，也可以在报告栏中导出碰撞报告，如图 9.4-4、图9.4-5所示。

图 9.4-4　碰撞检测结果

图 9.4-5　导出碰撞报告

9.5 模型可视化

通过前几章的教学，我们完成了装配式的给水排水、暖通以及电气方面的绘制。在本节中，我们将对于装配式的模型进行渲染、漫游，以及使用视图选项中的相机功能。

9.5.1 模型的渲染

点击选项栏中的视图命令，在视图选项栏中有渲染命令。对于每个模型来说，越是简单的模型，渲染的越快，这里我们对一个装配式模型进行渲染。首先我们将模型调整一个角度，点击渲染命令，会弹出对话框，为渲染设置，如图 9.5.1-1 所示。

图 9.5.1-1　渲染命令

在渲染的设置面板（图 9.5.1-2）中，根据项目需要进行设置。首先是引擎的设置，引擎分为两种，分别为 NVIDIA mental ray 和 Autodesk 光线追踪器。对其质量进行设置，在这里质量的高低分好几层，分别为绘图、低、中、高、最佳、自定义及编辑，渲染的质量越高，渲染的时间越长。输出设置主要调节的是分辨率，分辨率分为两种，屏幕和打印机，两种方式不一样，对应的像素以及图像的大小也不一样，如图 9.5.1-3 所示。

图 9.5.1-2　渲染的设置面板

调节照明，在方案中可以对室内外的光线进行设置。照明中的日光设置，点击进入日光设置面板中进行设置，如图 9.5.1-4 所示。

图 9.5.1-5 中设置的为照明模式，如果点击一天这个模式，会显示不同的设置，会对一天中的时间段的日光角度进行计算，并显示出来，其设置如图 9.5.1-6 所示。日光设置中，还有更多的设置，可以根据项目要求，进行设置。

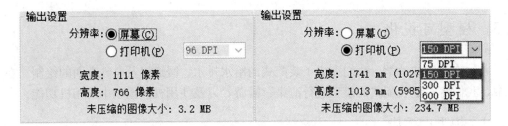

图 9.5.1-3　输出设置对比

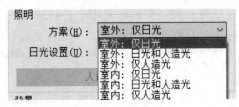

图 9.5.1-4　照明方案

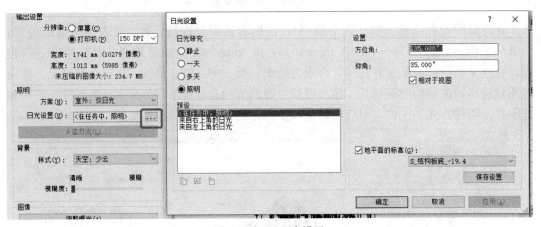

图 9.5.1-5　日光设置

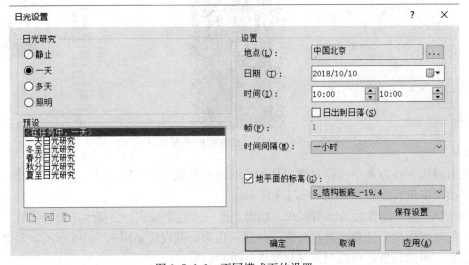

图 9.5.1-6　不同模式下的设置

背景可以调节样式和曝光度，图像的曝光率也根据需要进行设置，设置完以后，点击渲染进行渲染，渲染的过程可能有点慢，需要等一段时间。图 9.5.1-7 为装配式建筑做的一个渲染效果图。

图 9.5.1-7　装配式建筑渲染图

9.5.2　相机的使用

在视图选项栏中有三维视图的命令，点击三维视图的下拉列表中，有一个相机的命令，点击相机命令，如图 9.5.2-1 所示。

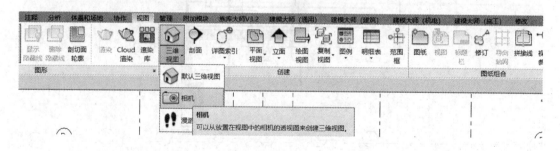

图 9.5.2-1　相机命令

点击相机命令，箭头就会出现一个相机的模型，如图 9.5.2-2 所示。

图中的偏移量是指人的眼睛距离地面的高度，后面的"自"是指从某一标高开始，在这一标高做的一个相机设置。确定相机的位置，点击鼠标左键，在相机下面会出现几条线，这几条线包括的范围，就是相机的视图范围，如图 9.5.2-3 所示。

选择好范围，再次点击鼠标左键，视图会自动切入到相机的视图，如图 9.5.2-4

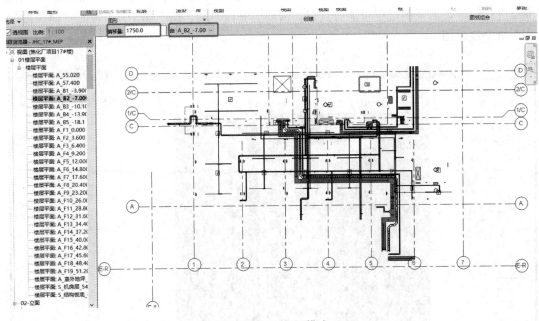

图 9.5.2-2　相机模式

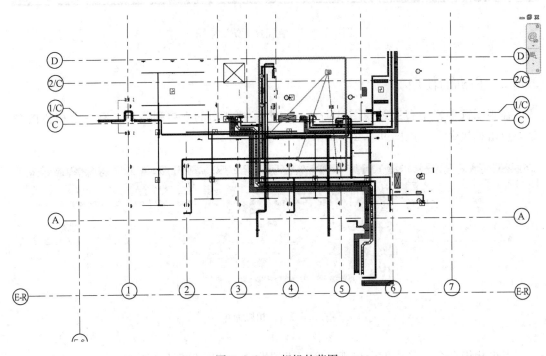

图 9.5.2-3　相机的范围

所示。

　　一般相机视图在项目浏览器中的三维视图中，可以对它进行右键重命名。下次想打开自己想看到的那一部分，可以直接双击三维视图中相机视图，直接进入查看。

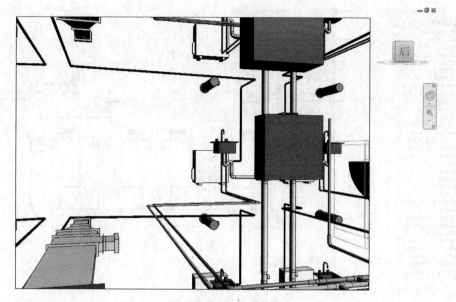

图 9.5.2-4 相机视图

9.5.3 漫游

在三维视图的下拉列表中还有一个漫游的命令，下面我们将介绍如何使用漫游这个命令。首先确定要漫游部分的标高，点击该标高，并进入平面视图。在三维视图的下拉列表中，点击漫游这个命令，如图 9.5.3-1 所示。

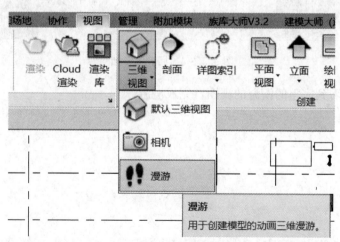

图 9.5.3-1 漫游命令

进入漫游的编辑模式下，可以对其偏移量进行调节。在需要漫游的起点位置，单击鼠标左键，会出现如图 9.5.3-2 所示的形状，进行路径的绘制。连续点击鼠标左键，在想要设置路径的地方设置关键帧，路径设置完成后，按 Esc 键退出。

完成漫游路径的绘制，在项目浏览器中，在三维视图栏中，会找到一个名为三维视图：漫游 1 的视图，这个视图就是我们刚做的漫游视图，同样的可以对它进行重新命名。

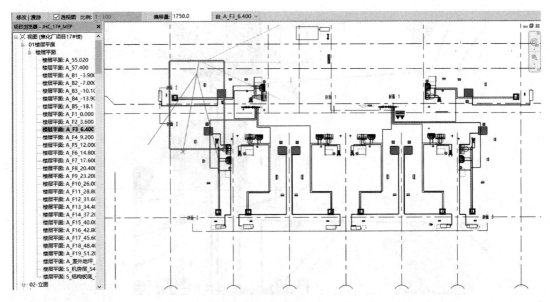

图 9.5.3-2 漫游路径

双击这个漫游 1，点击编辑漫游，在界面上点击上一关键帧，直到这个命令变成灰色，跳回到第一帧，如图 9.5.3-3 所示。

图 9.5.3-3 回到第一帧

点击播放，看到完整的漫游的视图，完成漫游。

第 10 章　装配式建筑编码构件标准

本章导读：

　　本章节介绍了装配式建筑编码构件标准，从图纸处理、命名规则及各个参数应用等方面，为读者提供了有效的标准参照。

10.1　文件夹系统

所有项目的专业或系统的文件夹结构可参考如下架构：

📁 项目文件夹（项目名称）

📁 01 工作标准

📁 02 工作进度及安排

📁 03 资料备案

📁 04 图纸处理

📁 05 项目文件

📁 06 沟通协调

📁 07 其他信息文件

📁 08 清单出图

📁 09 提交项目

【条文说明】各个文件夹所应包含的内容文件解释如下：

📁 01 工作标准：包含该项目在实际操作过程中所有的标准和要求文件，在项目进行前要对项目参与者进行指导学习。

📁 02 工作进度及安排：包含各个阶段的进度计划和根据实际情况对项目进行调整的相关文档记录文件等，在项目进行之前应对项目参与者指导学习项目整体的进度计划和安排。

📁 03 资料备案：包含从项目参与其他方（或甲方或设计院或施工方等）接受的最原始的图纸和 PDF 或其他资料。该文件夹内的内容是该项目接受资料的原始留底资料，不允许进行任何的修改。该文件夹内所有的资料都要按照接受日期分文件夹管理，并要在文件夹命名上体现出资料的内容。

📁 04 图纸处理：包含经过整理后的可用文件，如 AutoCAD 文件。该文件夹内包含的是按照专业整理好后的图纸文件夹。

📁 05 项目文件：用来存放项目过程中产生的中间文件和项目文件，其结构如下：

📁 链接文件

📁 CAD 文件

📁 模型参考

📁 中心文件

📁 族

📁 06 沟通协调：包含在项目进行过程中遇见的所有问题记录和回复资料。

📁 07 其他项目文件：包含项目过程中涉及的其他文件类型，如：漫游动画、施工动画等。

📁 08 清单出图：包含项目所有从软件导出的成果文件。如：清单量、施工图等。

📁 09 提交项目：包含所有的需要提交的项目成果资料等。

10.2 CAD 图纸

为了保证模型位置的准确性，在链接 CAD 图纸之前，必须将所有 CAD 共有的某两个轴线交点作为链接的原点，将该交点坐标移动到坐标原点（0，0）处，保存退出后再在 Revit 中以原点到原点的方式链接 CAD 图纸，如图 10.2-1、图 10.2-2 所示。这样即使在画的过程中图元或者底图忘记锁定的情况下，被组员不小心拖动而导致模型位置不正确的可能性大大降低，因为每次链接的时候，只要轴线没有重合就一定说明图元或者底图被人移动了，这样即使出现错误，错误的面积也会很小，大大地降低了因错误带来的严重后果。

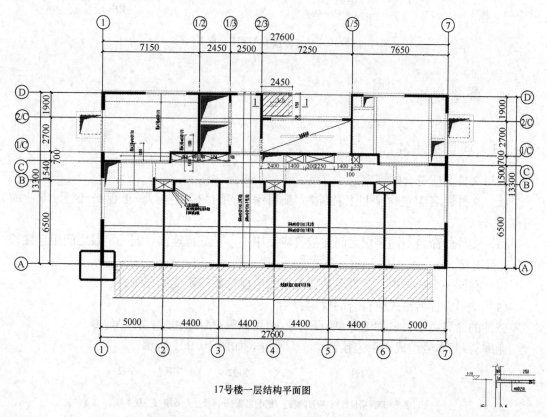

17号楼一层结构平面图

图 10.2-1　在 CAD 当中确定基点为坐标原点

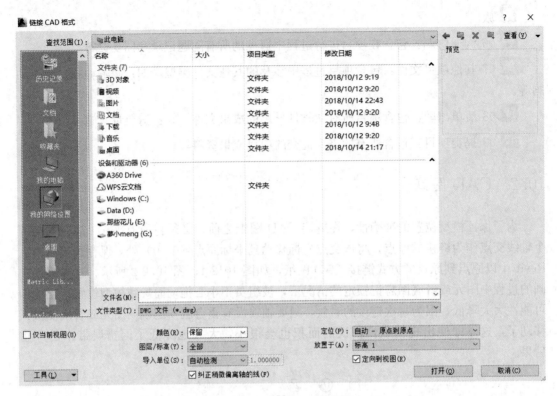

图 10.2-2　链接 CAD 属性设置

10.3　命 名 规 则

10.3.1　项目文件名

项目文件名应符合的规定：

（1）文件命名应包含项目名称缩写/项目编号/项目标段/标高/里程/分区号/专业缩写/版本号。

（2）文件的命名不同字段之间连接符应使用"_"进行连接，同一字段之间用连接符"-"进行连接。

（3）在同一个项目中，文件名的命名格式应保持始终不变的原则。

（4）项目文件名格式应符合的规定：

文件的命名由项目名称缩写/项目编号/项目标段/楼层/里程/分区号/专业缩写/版本号组成，由连接符"_"隔开，如图 10.3.1 所示。

字段1　　　　　　　　　　字段2　　　　字段3　　字段4

项目名称缩写-项目代码-项目标段__楼层-里程-分区号__专业缩写__版本号

图 10.3.1　文件命名格式

项目名称缩写/项目代码/项目标段＿楼层/里程/分区号＿专业缩写＿版本号

【条文说明】各个字段中内容并非一定需要全部填写，在每个字段中，可以选填内容。字段解释：

字段1：用于识别项目的一串代码，由项目管理者制定。如采用英文或拼音，宜为3个字母。

字段2：用于识别模型文件所处的楼层、标高或里程等问题。

字段3：用于区分项目涉及的相关专业，宜符合专业代码表的规定。

字段4：用于区分建筑信息模型的版本号，以免在信息传递的过程中出现信息传递的丢失和错误。版本号格式应为时间号，如2016.2.3表示2016年2月3日更新版本号。

10.3.2 标高命名规则

1. 标高值

所有标高的标高数值必须为相对标高且必须为对应专业的标高。例如：结构模型的标高值必须为结构标高，而不是建筑标高。

2. 标高楼层命名

标高名至少由专业代码/楼层/标高值/直属等构成，每个字段间用字符"＿"连接，如图10.3.2所示。

字段1	字段2	字段3	字段4
专业代码 ＿	楼层 ＿	标高值 ＿	直属

图10.3.2 标高楼层命名格式

10.3.3 项目浏览器的规定

项目浏览器应分为一级标题和二级标题。其中一级标题至少需要包含建模、出图、运维、其他等；二级标题至少需要包含平面视图（包含各个专业的平面）、立面视图、三维视图（各个工作集、公用、其他等）等。其效果与图10.3.3类似（可根据实际情况分类）。

10.3.4 族

1. 形体的建立

项目中所有族只能外建，并将族属性设置成相应的属性（比如，做窗族时就需要将外建族的属性设置成窗），然后保存在相应的路径下，再载入到项目中。若确实需要内建时，需向项目技术负责人或项目经理确认，待得到确认信息后方可内建。

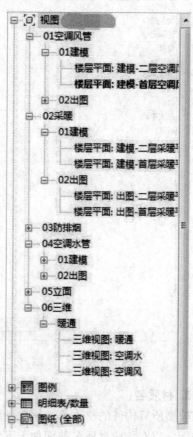

图10.3.3 项目浏览器排列规定

2. 参数的建立

所有族的基础参数应建立共享参数或项目参数，比如：结构梁的基础参数有宽度（B）、高度（H）等，那么就需要将这些参数做成共享参数或项目参数。

10.3.5　材质（材质参数）命名

1. 材质参数名

构件材质参数名要写成构件类型名＋"材质"，例如：结构矩形梁的材质，参数名应该写成结构矩形梁材质，如图 10.3.5-1 所示。

图 10.3.5-1　材质参数名命名规则

2. 材质名

模型所有构件的材质都必须单独建立新的材质，为了将自定义的材质放在材质列表的最前面，应在相应材质名前面加上下划线，同时将材质名写成真实材料的名称。例如现浇梁的材质名应该写成：_混凝土。注意可以不跟强度等级，除非需要配合第三方平台，如

图 10.3.5-2 所示。

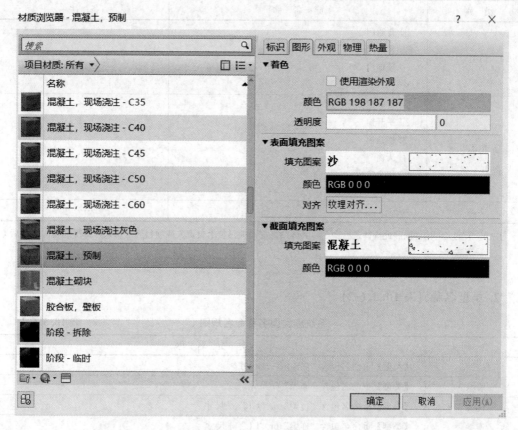

图 10.3.5-2　材质名命名规则

10.3.6　构件命名规则

1. 系统族

族名称要能反应构件属性归属。具体可参照表 10.3.6-1 所列。

系统族命名规则

表 10.3.6-1

类　别	族　名　称	备　注
基础类	① 独立基础（矩形/异形/……） ② 条形基础 ③ 筏板基础 ……	
柱类	① 结构柱（矩形/异形/L 型/……） ② 建筑柱（矩形/异形/L 型/……）	
墙类	基本墙	
梁类	框架梁（矩形/异形）	有节点的梁需单独做族
板类	楼板	

续表

类　别	族　名　称	备　注
门类	① 普通门 ② 卷帘门 ③ 装饰门 ……	
窗类	① 百叶窗 ② 平开窗 ③ 推拉窗 ④ 天窗 ⑤ 组合窗 ……	
……	……	……

注：1. 未定义的构件按照此规律进行命名，具体命名需向项目技术负责人或项目经理确认，待得到确认信息后方可新建。
　　2. 其他构件类可按照计价类进行分类命名。

2. 类型名称（表 10.3.6-2）

系统族类型名称命名规则　　　　　　　　　　　表 10.3.6-2

类　别	类　型　名　称
保温墙	【类型】重命名包含 "保温墙" ＋尺寸
墙垛	【类型】重命名包含 "墙垛" ＋尺寸
过梁	【类型】重命名包含 "过梁" or "GL" ＋尺寸
连梁	【类型】重命名包含 "连梁" or "LL" ＋尺寸
圈梁	【类型】重命名包含 "圈梁" or "QL" ＋尺寸
基础梁	【类型】重命名包含 "基础梁" or "DL" or "JCL" or "JZL" or "JKL" ＋尺寸
栏板	【类型】重命名包含 "栏板" or "LB" ＋尺寸
压顶	【类型】重命名包含 "压顶" or "YD" ＋尺寸
筏板基础	【类型】重命名包含 "筏板" or "满堂基础" or "FB" ＋尺寸
台阶	【类型】重命名包含 "台阶" or "Tai Jie" ＋尺寸
挑檐	【类型】重命名包含 "挑檐" or "TY" ＋尺寸
屋面	【类型】重命名包含 "屋面" or "WM" ＋尺寸
雨棚	【类型】重命名包含 "雨篷" or "雨棚" or "YP" ＋尺寸
散水	【类型】重命名包含 "散水" ＋尺寸
垫层	【类型】重命名包含 "垫层" or "DC" ＋尺寸
预制板	【类型】重命名包含 "预制板" ＋尺寸
螺旋板	【类型】重命名包含 "螺旋板" ＋尺寸
柱帽	【类型】重命名包含 "柱帽" or "ZM" ＋尺寸
构造柱	【类型】重命名包含 "构造柱" or "GZ" ＋尺寸
柱墩	【类型】重命名包含 "柱墩" ＋尺寸
嵌板	【类型】重命名包含 "嵌板" ＋尺寸

10.4 项目中的参数

10.4.1 实例参数

Revit 中的实例参数是指同种或不同种构件的同一参数性质可具备不同的参数值的属性。简单来说可以这样理解，凡是出现在图 10.4.1 中的对话框中的参数一般都是属于实例参数的。

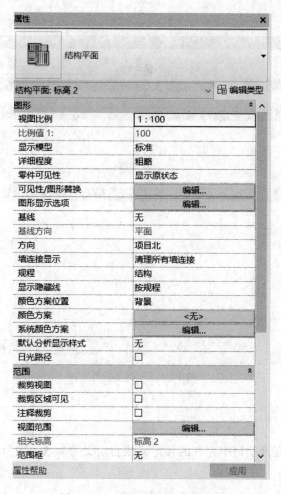

图 10.4.1 属性栏中的实例参数

10.4.2 类型参数

Revit 中的类型参数是指同一构件的同一参数性质的参数值的属性。简单地说可以这样理解，凡是出现在图 10.4.2 中的对话框中的参数一般都是属于类型参数的。

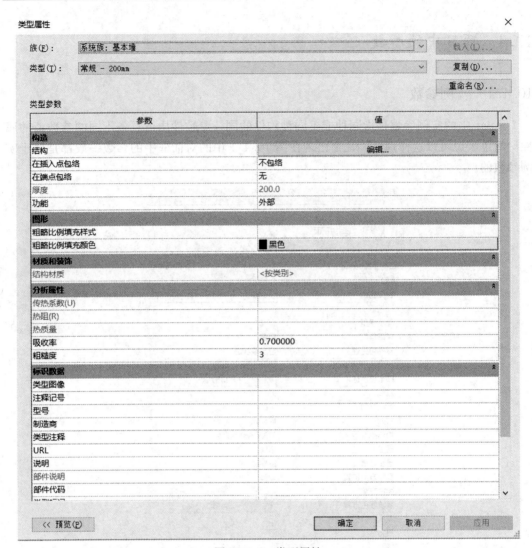

图 10.4.2　类型属性

10.4.3　项目参数

项目参数是指只在该项目中存在的预定义或自定义的参数。项目参数分为实例参数和类型参数两种。

10.4.4　共享参数

共享参数是指项目中存在的预定义或自定义的参数，该参数其他的项目也可以使用。共享参数分为实例参数和类型参数两种。

10.4.5　各个参数的运用

根据需要添加合理的项目参数。项目参数可以用共享参数代替。其中，基本的项目参数应包括变更时间、变更原因、审核人等，且这些参数应为实例参数。

参 考 文 献

[1] 陆泽荣，叶雄进. BIM 建模应用技术［M］. 北京：中国建筑工业出版社，2018.

[2] 王君峰. Revit 2013/2014 建筑设计［M］. 北京：人民邮电出版社，2013.

[3] 王琳，潘俊武. BIM 建模技能与实务［M］. 北京：清华大学出版社，2017.

[4] 卫涛，李容，刘依莲. 基于 BIM 的 Revit 建筑与结构设计案例实战［M］. 北京：清华大学出版社，2017.

[5] Autodesk，inc. Autodesk Revit Architecture 2017 官方标准教程［M］. 北京：电子工业出版社，2017.

附件 建筑信息化 BIM 技术系列岗位职业技术考试管理办法

北京绿色建筑产业联盟文件

联盟 通字 【2018】09 号

通 知

各会员单位,BIM 技术教学点、报名点、考点、考务联络处以及有关参加考试的人员:

根据国务院《2016-2020 年建筑业信息化发展纲要》《关于促进建筑业持续健康发展的意见》(国办发〔2017〕19 号),以及住房和城乡建设部《关于推进建筑信息模型应用的指导意见》《建筑信息模型应用统一标准》等文件精神,北京绿色建筑产业联盟组织开展的全国建筑信息化 BIM 技术系列岗位人才培养工程项目,各项培训、考试、推广等工作均在有效、有序、有力的推进。为了更好地培养和选拔优秀的实用性 BIM 技术人才,搭建完善的教学体系、考评体系和服务体系。我联盟根据实际情况需要,组织建筑业行业内 BIM 技术经验丰富的一线专家学者,对于本项目在 2015 年出版的 BIM 工程师培训辅导教材和考试管理办法进行了修订。现将修订后的《建筑信息化 BIM 技术系列岗位职业技术考试管理办法》公开发布,2019 年 2 月 1 日起开始施行。

特此通知,请各有关人员遵照执行!

附件:建筑信息化 BIM 技术系列岗位专业技能考试管理办法 全文

二〇一九年一月十五日

附件：

建筑信息化 BIM 技术系列岗位职业技术考试管理办法

根据中共中央办公厅、国务院办公厅《关于促进建筑业持续健康发展的意见》（国发办 [2017] 19 号）、住建部《2016—2020 年建筑业信息化发展纲要》（建质函 [2016] 183 号）和《关于推进建筑信息模型应用的指导意见》（建质函 [2015] 159 号），国务院《国家中长期人才发展规划纲要 （2010—2020 年)》《国家中长期教育改革和发展规划纲要 (2010—2020 年)》，教育部等六部委联合印发的《关于进一步加强职业教育工作的若干意见》等文件精神，北京绿色建筑产业联盟结合全国建设工程领域建筑信息化人才需求现状，参考建设行业企事业单位用工需要和工作岗位设置等特点，制定 BIM 技术专业技能系列岗位的职业标准、教学体系和考评体系，组织开展岗位专业技能培训与考试的技术支持工作。参加考试并成绩合格的人员，由北京绿色建筑产业联盟及有关认证机构颁发相关岗位技术与技能证书。为促进考试管理工作的规范化、制度化和科学化，特制定本办法。

一、岗位名称划分

1. BIM 技术综合类岗位：

BIM 建模技术，BIM 项目管理，BIM 战略规划，BIM 系统开发，BIM 数据管理。

2. BIM 技术专业类岗位：

BIM 工程师（造价），BIM 工程师（成本管控），BIM 工程师（装饰），BIM 工程师（电力），BIM 工程师（装配式），BIM 工程师（机电），BIM 工程师（路桥），BIM 工程师（轨道交通），BIM 工程师（工程设计），BIM 工程师（铁路）。

二、考核目的

1. 为国家建设行业信息技术（BIM）发展选拔和储备合格的专业技术人才，提高建筑业从业人员信息技术的应用水平，推动技术创新，满足建筑业转型升级需求。

2. 充分利用现代信息化技术，提高建筑业企业生产效率、节约成本、保证质量，高效应对在工程项目策划与设计、施工管理、材料采购、运营维护等全生命周期内进行信息共享、传递、协同、决策等任务。

三、考核对象

1. 凡中华人民共和国公民，遵守国家法律、法规，恪守职业道德的。土木工程类、工程经济类、工程管理类、环境艺术类、经济管理类、信息管理与信息系统、计算机科学与技术等有关专业，具有中专以上学历，从事工程设计、施工管理、物业管理工作的社会企事业单位技术人员和管理人员，高职院校的在校大学生及老师，涉及 BIM 技术有关业务，均可以报名参加 BIM 技术系列岗位专业技能考试。

2. 参加 BIM 技术专业技能和职业技术考试的人员，除符合上述基本条件外，还需具备下列条件之一：

（1）在校大学生已经选修过 BIM 技术有关岗位的专业基础知识、操作实务相关课程的；或参加过 BIM 技术有关岗位的专业基础知识、操作实务的网络培训；或面授培训，或实习实训达到 140 学时的。

（2）建筑业企业、房地产企业、工程咨询企业、物业运营企业等单位有关从业人员，参加过 BIM 技术基础理论与实践相结合的系统培训和实习达到 140 学时，具有 BIM 技术系列岗位专业技能的。

四、考核规则

1. 考试方式

（1）网络考试：不设定统一考试日期，灵活自主参加考试，凡是参加远程考试的有关人员，均可在指定的远程考试平台上参加在线考试，卷面分数为 100 分，合格分数为 80 分。

（2）大学生选修学科考试：不设定统一考试日期，凡在校大学生选修 BIM 技术相关专业岗位课程的有关人员，由各院校根据教学计划合理安排学科考试时间，组织大学生集中考试。卷面分数为 100 分，合格分数为 60 分。

（3）集中考试：设定固定的集中统一考试日期和报名日期，凡是参加培训学校、教学点、考点考站、联络办事处、报名点等机构进行现场面授培训学习的有关人员，均需凭准考证在有监考人员的考试现场参加集中统一考试，卷面分数为 100 分，合格分数为 60 分。

2. 集中统一考试

（1）集中统一报名计划时间：（以报名网站公示时间为准）

夏季：每年 4 月 20 日 10：00 至 5 月 20 日 18：00。

冬季：每年 9 月 20 日 10：00 至 10 月 20 日 18：00。

各参加考试的有关人员，已经选择参加培训机构组织的 BIM 技术培训班学习的，直接选择所在培训机构报名，由培训机构统一代报名。网址：www.bjgba.com（建筑信息化 BIM 技术人才培养工程综合服务平台）

（2）集中统一考试计划时间：（以报名网站公示时间为准）

夏季：每年 6 月下旬（具体以每次考试时间安排通知为准）。

冬季：每年 12 月下旬（具体以每次考试时间安排通知为准）。

考试地点：准考证列明的考试地点对应机位号进行作答。

3. 非集中考试

各高等院校、职业院校、培训学校、考点考站、联络办事处、教学点、报名点、网教平台等组织大学生选修学科考试的，应于确定的报名和考试时间前 20 天，向北京绿色建筑产业联盟测评认证中心 BIM 技术系列岗位专业技能考评项目运营办公室提报有关统计报表。

4. 考试内容及答题

（1）内容：基于 BIM 技术专业技能系列岗位专业技能培训与考试指导用书中，关于 BIM 技术工作岗位应掌握、熟悉、了解的方法、流程、技巧、标准等相关知识内容进行命题。

（2）答题：考试全程采用 BIM 技术系列岗位专业技能考试软件计算机在线答题，系统自动组卷。

（3）题型：客观题（单项选择题、多项选择题），主观题（案例分析题、软件操作题）。

（4）考试命题深度：易 30％，中 40％，难 30％。

5. 各岗位考试科目

序号	BIM 技术系列岗位专业技能考核	考核科目			
		科目一	科目二	科目三	科目四
1	BIM 建模技术岗位	《BIM 技术概论》	《BIM 建模应用技术》	《BIM 建模软件操作》	
2	BIM 项目管理岗位	《BIM 技术概论》	《BIM 建模应用技术》	《BIM 应用与项目管理》	《BIM 应用案例分析》
3	BIM 战略规划岗位	《BIM 技术概论》	《BIM 应用案例分析》	《BIM 技术论文答辩》	
4	BIM 技术造价管理岗位	《BIM 造价专业基础知识》	《BIM 造价专业操作实务》		
5	BIM 工程师（装饰）岗位	《BIM 装饰专业基础知识》	《BIM 装饰专业操作实务》		
6	BIM 工程师（电力）岗位	《BIM 电力专业基础知识与操作实务》	《BIM 电力建模软件操作》		
7	BIM 系统开发岗位	《BIM 系统开发专业基础知识》	《BIM 系统开发专业操作实务》		
8	BIM 数据管理岗位	《BIM 数据管理业基础知识》	《BIM 数据管理专业操作实务》		

6. 答题时长及交卷

客观题试卷答题时长 120 分钟，主观题试卷答题时长 180 分钟，考试开始 60 分钟内禁止交卷。

7. 准考条件及成绩发布

（1）凡参加集中统一考试的有关人员应于考试时间前 10 天内，在 www.bjgba.com（建筑信息化 BIM 技术人才培养工程综合服务平台）打印准考证，凭个人身份证原件和准考证等证件，提前 10 分钟进入考试现场。

（2）考试结束后 60 天内发布成绩，在 www.bjgba.com 平台查询成绩。

（3）考试未全科目通过的人员，凡是达到合格标准的科目，成绩保留到下一个考试周期，补考时仅参加成绩不合格科目考试，考试成绩两个考试周期有效。

五、技术支持与证书颁发

1. 技术支持：北京绿色建筑产业联盟内设 BIM 技术系列岗位专业技能考评项目运营办公室，负责构建教学体系和考评体系等工作；负责组织开展编写培训教材、考试大纲、题库建设、教学方案设计等工作；负责组织培训及考试的技术支持工作和运营管理工作；负责组织优秀人才评估、激励、推荐和专家聘任等工作。

2. 证书颁发及人才数据库管理

凡是通过 BIM 技术系列岗位专业技能考试，成绩合格的有关人员可以获得《职业技术证书》，证书代表持证人的学习过程和考试成绩合格证明，以及岗位专业技能水平，并纳入信息化人才数据库。

六、考试费收费标准

BIM 建模技术，BIM 项目管理，BIM 系统开发，BIM 数据管理，BIM 战略规划，BIM 工程师（造价），BIM 工程师（成本管控），BIM 工程师（装饰），BIM 工程师（电力），BIM 工程师（装配式），BIM 工程师（机电），BIM 工程师（路桥），BIM 工程师（轨道交通），BIM 工程师（工程设计），BIM 工程师（铁路）考试收费标准：480 元/人（费用包括：报名注册、平台数据维护、命题与阅卷、证书发放、考试场地租赁、考务服务等考试服务产生的全部费用）。

七、优秀人才激励机制

1. 凡取得 BIM 技术系列岗位相关证书的人员，均可以参加 BIM 工程师"年度优秀工作者"评选活动，对工作成绩突出的优秀人才，将在表彰颁奖大会上公开颁奖表彰，并由评委会颁发"年度优秀工作者"荣誉证书。

2. 凡主持或参与的建设工程项目，用 BIM 技术进行规划设计、施工管理、运营维护等工作，均可参加"工程项目 BIM 应用商业价值竞赛"BVB 奖（Business Value of BIM）评选活动，对于产生良好经济效益的项目案例，将在颁奖大会上公开颁奖，并由评委会颁发"工程项目 BIM 应用商业价值竞赛"BVB 奖获奖证书及奖金，其中包括特等奖、一等奖、二等奖、三等奖、鼓励奖等奖项。

八、其他

1. 本办法根据实际情况，每两年修订一次，同步在 www.bjgba.com 平台进行公示。本办法由 BIM 技术系列岗位专业技能人才考评项目运营办公室负责解释。

2. 凡参与 BIM 技术系列岗位专业技能考试的人员、BIM 技术培训机构、考试服务与管理、市场传推广、命题判卷、指导教材编写等工作的有关人员，均适用于执行本办法。

3. 本办法自 2019 年 2 月 1 日起执行，原考试管理办法同时废止。

北京绿色建筑产业联盟

（BIM 技术系列岗位专业技能人才考评项目运营办公室）

二〇一九年一月